Überraschende Mathematische Kurzgeschichten

Matthias Müller
(Hrsg.)

Überraschende Mathematische Kurzgeschichten

Ausgewählte Artikel des jungen Ablegers der
Zeitschrift „Die $\sqrt{\text{WURZEL}}$"

 Springer

Herausgeber
Dr. Matthias Müller
Abteilung für Didaktik der Mathematik und Informatik
Friedrich-Schiller-Universität Jena
Jena, Thüringen
Deutschland

ISBN 978-3-658-13894-3   ISBN 978-3-658-13895-0   (eBook)
DOI 10.1007/978-3-658-13895-0

Die Deutsche Nationalbibliothek verzeichnet diese Publikation in der Deutschen Nationalbibliografie; detaillierte bibliografische Daten sind im Internet über http://dnb.d-nb.de abrufbar.

Planung: Ulrike Schmickler-Hirzebruch

Gedruckt auf säurefreiem und chlorfrei gebleichtem Papier

Springer ist Teil von Springer Nature
Die eingetragene Gesellschaft ist Springer Fachmedien Wiesbaden GmbH
Die Anschrift der Gesellschaft ist: Abraham-Lincoln-Str. 46, 65189 Wiesbaden, Germany

Geleitwort

Unter deutschen Jugendlichen ist Mathematik nur für wenige „cool", T-Shirts mit Mathematik herabsetzenden Aufdrucken – wie „math sucks" – finden offenbar viele Käufer, und in Filmen sieht man häufig in einer Gruppe von vier oder fünf Jugendlichen den Mathematik- und Naturwissenschafts-Nerd als Besserwisser mit Brille und zugeknöpftem Hemd.

Die Zeitschrift $\sqrt{\text{WURZEL}}$ setzt diesem Klischee seit fünfzig Jahren ein Bild der Mathematik entgegen, das die von ihr ausgehende Faszination wunderbar reflektiert und verstärkt. Durch unterhaltsame und doch anspruchsvolle Artikel über mathematische Probleme und sich um Mathematik rankende Geschichten erreicht die $\sqrt{\text{WURZEL}}$ Schülerinnen und Schüler ebenso wie Studierende.

Die $\sqrt{\text{WURZEL}}$ ist wie ein Lagerfeuer, das in der Ferne stehende, neugierige Interessenten anzieht und den um das Feuer Versammelten Gemeinschaft stiftet.

Die Deutsche Mathematiker-Vereinigung (DMV) ist zusammen mit der GAMM die einschlägige Fachgesellschaft für Mathematik. Ihrer Satzung gemäß setzt sie sich für die Mathematik ein und für die Interessen derer, die Mathematik machen – und dies umfasst Menschen aller Alters- und Bildungsstufen. Die $\sqrt{\text{WURZEL}}$ und die DMV haben also gemeinsame Ziele, und die $\sqrt{\text{WURZEL}}$ ist aus Sicht der DMV eine wichtige und schöne Zeitschrift, die junge Menschen zur Mathematik führt und sie über Mathematik informiert und sich so für Mathematik einsetzt.

Dieser schöne Sammelband reflektiert die spannende, unterhaltsame und lehrreiche Lektüre in der WURZEL-Rubrik „Der $\sqrt{\text{ABLEGER}}$". Dem Herausgeber Matthias Müller und dem Autorenteam danke ich herzlich dafür und stellvertretend für alle Mathematikerinnen und Mathematikern, die sich in den vergangenen Dekaden mit viel Herzblut für die $\sqrt{\text{WURZEL}}$ engagiert haben. Weiterhin danke ich dem Springer-Verlag und seinen Mitarbeiterinnen und Mitarbeitern für die Unterstützung bei der Erstellung dieses Bandes.

Prof. Dr. Volker Bach
DMV-Präsident, TU Braunschweig
Braunschweig, Deutschland

Inhaltsverzeichnis

1

Einleitung

Matthias Müller

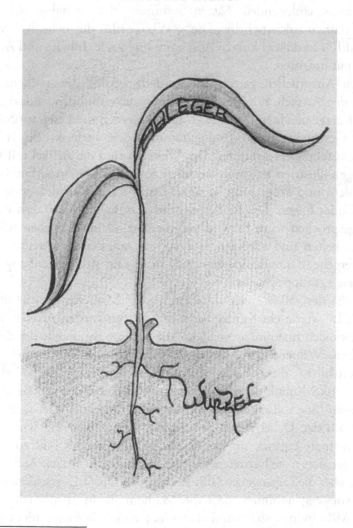

M. Müller (✉)
Abteilung für Didaktik der Mathematik und Informatik,
FSU Jena, Jena, Deutschland
E-Mail: matthias.mueller.2@uni-jena.de

„Liebe Leser,

obwohl es unser Ziel ist, eine Zeitschrift für Mathematik-Interessierte jeglichen Alters ≥15 herauszugeben, schleichen sich immer wieder Artikel ein, deren Niveau für Schüler zu hoch ist. Als Ausgleich dafür wollen wir an dieser Stelle eine neue Rubrik einführen. In ihr werden in Zukunft in loser Folge Artikel veröffentlicht, die vom Anspruch her besonders für Schüler geeignet sind."

Mit diesen einleitenden Sätzen eröffnete der damalige Chefredakteur der Mathematikzeitschrift „Die $\sqrt{\text{WURZEL}}$" die neue Rubrik „Der $\sqrt{\text{ABLEGER}}$". In diesem kurzen Abschnitt sind Ziele, Inhalte und Anspruch der Reihe gut umrissen.

Um den Ansprüchen gerecht zu werden, werden die mathematischen Inhalte in den Artikeln mit kleinen Erzählungen verbunden, sodass „mathematische Kurzgeschichten" entstehen. Dabei werden die Leser auf Streifzüge durch die Geschichte genauso mitgenommen, wie auch aktuelle ja alltägliche Problemstellungen diskutiert. Des Weiteren sind die Artikel mit Comic-Zeichnungen illustriert und werden durch zusätzliche Online-Materialen wie Bilder, Videos und Programme ergänzt. Dafür kann man den entsprechenden QR-Codes folgen. Die Reihe zeichnet sich dadurch aus, dass der Leser direkt angesprochen wird. Er wird aufgefordert, kleine Aufgaben selbstständig zu bearbeiten und wird eingeladen, sich mit der vorgestellten Problematik tiefergehend auseinanderzusetzen. In diesem Zusammenhang werden auch weitere Lesetipps gegeben.

Anlässlich des 50-jährigen Jubiläums der Mathematikzeitschrift „Die $\sqrt{\text{WURZEL}}$" wurde ein Sammelband mit 50 verschieden Artikeln aus den letzten 5 Dekaden zusammengestellt, die die gesamte Bandbreite der Zeitschrift verdeutlichen. Während der Arbeiten kristallisierte sich immer mehr heraus, dass es wertvoll ist, die einzelnen Beiträge der Jugendseite der $\sqrt{\text{WURZEL}}$ daher die Artikel-Rubrik „Der $\sqrt{\text{ABLEGER}}$" in einem eigenen Band zusammenzuführen. Eine vollständige Sammlung aller Ableger-Artikel stellt das vorliegende Buch dar. Dabei wurde dieses um korrespondierende Wurzel-Artikel und Kommentare ergänzt, um ein möglichst umfassendes Bild zu zeichnen. Beide Bücher stehen stellvertretend für die vielen guten Artikel, Aufgaben und Inhalte die über die vergangenen Jahre in der „$\sqrt{\text{WURZEL}}$" erschienen sind.

Es sei vorweggenommen, dass die Mathematik in allen Artikel immer noch im Mittelpunkt steht und daher auf einige Formeln nicht verzichtet werden kann. All diese Abschnitte können mit dem Wissen aus dem Schulunterricht erschlossen werden und werden auch innerhalb der Artikel motiviert bzw. erklärt. Die Artikel wurden nach aufsteigendem Schwierigkeitsgrad geordnet, sodass ein differenziertes Lesen und evtl. „Lernen" möglich wird. Es liegt in der Natur der Sache, dass die Artikel sich unterscheiden, da sie von verschiedenen Autoren geschrieben wurden. Sie bieten somit zum einen verschiedene Zugänge zu den mathematischen Themen und verdeutlichen zum anderen die Vielseitigkeit der Mathematik. In der Unterschiedlichkeit liegt eine Stärke begründet, die den Bogen von dem pragmatischen Handeln in der alltäglichen Problemstellung bis hin zum logischen Beweisen innermathematischer Sachverhalte spannt.

Wie schon erwähnt, beinhalten die Artikel Aufgaben und Knobeleien, die den Leser zur Eigentätigkeit anregen sollen. Gemäß der Intention der Zeitschrift werden die Antworten und Lösungen nicht unmittelbar gegeben, damit jedem Leser eine wirkliche Chance gegeben wird, die Problemstellung selbst zu durchdenken. Nach Möglichkeit soll allerdings keine Frage unbeantwortet bleiben[1] und daher werden Lösungsideen und Erläuterungen online auf der Produktseite des Buches unter springer.com zur Verfügung gestellt.

Der Name der Rubrik „Der $\sqrt{\text{ABLEGER}}$" symbolisiert die enge Verbundenheit zur Mathematikzeitschrift „Die $\sqrt{\text{WURZEL}}$". Ohne die $\sqrt{\text{WURZEL}}$ gäbe es auch keinen $\sqrt{\text{ABLEGER}}$. Nicht zuletzt daher erinnern die obigen einleitenden Sätze auch an die ersten Sätze in der $\sqrt{\text{WURZEL}}$ von 1967:

„Liebe Leser!

Sie halten heute zum ersten Mal diese Zeitung in der Hand. Vielleicht werden Sie im weiteren zu unseren ständigen Lesern zählen und Freude daran finden, aufgeworfene Probleme zu lösen und selbst welche zu stellen.

Unser Anliegen, das wir mit dem Herausgeben dieser Zeitung verbinden, ist, das mathematische Klima an den Schulen weiter zu verbessern und Sie zur Beschäftigung mit der Mathematik anzuregen, beziehungsweise Sie beim Erarbeiten mathematischer Theorien zu unterstützen.

Nachdem wir 1964 im Stadtgebiet Jena begonnen hatten, durch die Gründung von Schülerzirkeln die außerunterrichtliche Beschäftigung der Schüler mit der Mathematik zu fördern, waren wir bestrebt, auch über den örtlichen Bereich hinaus wirksam zu werden. Ein Ausdruck dessen sind die seit 1965 für Schüler des gesamten Bezirkes Gera regelmäßig durchgeführten Mathematik-Spezialistenlager. Da die Zeitdauer und die Teilnehmerzahl dieser Lager beschränkt sind, wollen wir mit der Herausgabe dieser Zeitung eine kontinuierliche Anleitung für einen großen Interessentenkreis erreichen.

---

[1] Die Formulierung ist aus mathematischer Sicht interessant, da es durchaus mathematische Fragestellungen gibt, die „unentscheidbar" und damit nicht zu beantworten sind. Das Spannende ist, dass die Existenz solcher unentscheidbaren Probleme mathematisch bewiesen werden kann (vgl. Gödelsche Unvollständigkeitssätze). Die in diesem Band gestellten Fragen sollten allerdings nicht dazu gehören. ☺

Vielleicht werden Sie, liebe Leser, sogar so viel Freude an der Mathematik gewinnen, dass Sie sich entschließen, sich später weiter dieser schönen Wissenschaft zu widmen.

Wir werden regelmäßig kleine Gebiete der Mathematik abhandeln. Es soll Ihnen dadurch ermöglicht werden, die eine oder andere Aufgabe besonders geschickt zu lösen, aber es soll auch dazu dienen, Ihnen einen größeren Überblick über die verschiedenen Gebiete der Mathematik und ihrer Anwendungsbereiche zu geben."

Auch heute ist es das Anliegen der Zeitschrift und des Vereins, ein möglichst großes Publikum mit der Begeisterung für die Mathematik anzustecken, sowie insbesondere mathematisch interessierte Jugendliche zu fördern und damit die Kreativität zum Problemlösen zu wecken.

Aus diesem Grund findet nach wie vor zweimal jährlich ein „Spezialistenlager" statt, auch wenn es jetzt „Schülerakademie Mathematik (SAM)" oder einfach MaLa heißt. Die steigende Zahl von Anmeldungen zeigt, dass ein sehr großer Bedarf an solchen Angeboten besteht. Gäste und Gastvortragende, die zu den Veranstaltungen eingeladen werden, berichten immer wieder von einer inspirierenden Arbeitsatmosphäre.

Die Zeitschrift richtet sich seit über 300 Ausgaben an Schüler und Lehrer der gymnasialen Oberstufe, an Studenten, Professoren und alle mathematisch Interessierten. Die $\sqrt{\text{WURZEL}}$ enthält Artikel zu verschiedensten Teilgebieten der Mathematik, zu Olympiaden und mathematischen Wettbewerben sowie z. B. Arbeiten aus dem Wettbewerb „Jugend forscht". Dabei erhebt Die $\sqrt{\text{WURZEL}}$ übrigens gar nicht den Anspruch, eine mathematische Forschungszeitschrift zu sein, da es eben in erster Linie um den Spaß und die Begeisterung für die Mathematik geht.

Matthias Müller (Hrsg.)

QR-CODE: SPRINGER

2

Achilles und die Schildkröte – Kann man unendlich oft anhalten, wenn man jemanden überholen will?

Matthias Müller

M. Müller (✉)
Abteilung für Didaktik der Mathematik und Informatik,
FSU Jena, Jena, Deutschland
E-Mail: matthias.mueller.2@uni-jena.de

© Springer Fachmedien Wiesbaden GmbH 2017
M. Müller (Hrsg.), *Überraschende Mathematische Kurzgeschichten*,
DOI 10.1007/978-3-658-13895-0_2

Der tapfere Achilles ist einer der größten Helden der griechischen Mythologie. Er ist ein wichtiger Hauptcharakter in Homers Ilias, die von der Belagerung der Stadt Troja durch die Griechen berichtet.

Der Film „Troja" von Roland Emmerich hält sich nur in wenigen Teilen streng an die Vorlage von Homer, aber es gibt eine Szene, die im Film gut dargestellt wird. Achilles spricht in dieser Szene mit seiner Mutter und fragt sie, ob er nach Troja in den Krieg ziehen soll. Die Mutter antwortet ihm, dass, wenn Achilles in Griechenland bleibt, er eine Familie gründen und ein langes Leben führen, Kinder und Enkelkinder haben wird und diese sich seiner erinnern werden, wenn er tot ist. Aber wenn die letzten Enkel gestorben sind, wird niemand mehr seinen Namen kennen. Wenn Achilles nach Troja geht, sagt die Mutter, dann wird er ewigen Ruhm erlangen und noch in Tausenden von Jahren wird man seine Heldentaten besingen, aber er wird vor Troja fallen.

Achilles wird schließlich vom schlauen Odysseus überredet in den Krieg zu ziehen, denn Odysseus weiß, was Achilles Schwäche ist, nämlich sein Stolz. Genau dieser Stolz hatte Achilles einst in eine vertrackte Situation gebracht.

Diese Geschichte wird vom alten griechischen Philosophen Zenon von Elea erzählt: Achilles wurde einmal von einer Schildkröte zum Wettrennen herausgefordert und da Achilles die Herausforderung nicht ausschlagen konnte, aber die Schildkröte nicht ernst nahm, sagte er dem Wettkampf zu und gab der Schildkröte einen gewaltigen Vorsprung.

Nun berichtet Zenon von dem Rennen auf die folgende Art und Weise: Achilles und die Schildkröte laufen los. Achilles ist viel schneller als die Schildkröte und erreicht den Startpunkt der Schildkröte nach einer gewissen Zeit. Die Schildkröte hat aber in dieser Zeit auch eine gewisse Strecke zurückgelegt. Achilles hat die Schildkröte also noch nicht erreicht, deswegen läuft er weiter. Als er die Strecke überwunden hat, die die Schildkröte gerade zurückgelegt hatte, ist diese wieder ein Stück voran gekommen und er hat sie immer noch nicht erreicht.

A1	A2	A3	A4
S1	S2	S3	S4

A … Standort des Achilles zu einem gewissen Zeitpunkt
S … Standort der Schildkröte zu einem gewissen Zeitpunkt

So geht das noch eine ganze Weile weiter und Achilles kommt der Schildkröte immer näher, aber erreicht sie nie.

Das ist eine paradoxe Situation: Wir wissen doch, dass Achilles die Schildkröte locker überholen müsste, doch wenn wir die obige Sichtweise verwenden, dürfte Achilles die Schildkröte nie erreichen. **Wo ist da der Fehler? Oder gibt es da überhaupt einen Fehler?**

Dieses Problem war für die alten Griechen eine knifflige Angelegenheit und deswegen wurde es auch als das Zenon-Paradoxon bezeichnet. Einige Mathematikhistoriker meinen, dass die Mathematik der Griechen an dieser Stelle an ihre Grenzen gestoßen ist. Erst die Mathematiker im 16. und 17. Jahrhundert konnten dieses Problem auflösen.

Allerdings hatte der große Archimedes von Syrakus von einer Summe berichtet, die er ausrechnen konnte. Die Summe, die er meinte, sieht wie folgt aus:

$$1 + \frac{1}{2} + \frac{1}{4} + \frac{1}{8} + \frac{1}{16} + \frac{1}{32} + \frac{1}{64} + \frac{1}{128} + \cdots$$

Dabei handelt es sich um eine Summe mit unendlich vielen Summanden, deren Ergebnis Archimedes trotzdem ermitteln konnte. Wie hat er das gemacht?

Er führt folgende Begründung an. Mehr als 2 kann die Summe nicht sein, denn wenn ich endlich viele Teile dieser Summe addiere, ist die Summe immer kleiner als 2. Auch wenn ich alle unendlich vielen Summanden aufaddiere, ist diese Summe nicht größer als 2, denn der nachfolgende Summand eines beliebigen Summanden ist immer nur halb so groß wie sein Vorgänger. Aber weniger als 2 kann diese Summe S auch nicht sein. Für jede natürliche Zahl n gilt nämlich

$$2 - S < 2 - \left(1 + \frac{1}{2} + \frac{1}{4} + \cdots + \frac{1}{2^n}\right) = \frac{1}{2^{n'}}$$

also $2 - S < \frac{1}{2^n}$ bzw. $S > 2 - \frac{1}{2^n}$.

Damit kann die Summe nicht mehr und nicht weniger als 2 sein. Das bedeutet:

$$1 + \frac{1}{2} + \frac{1}{4} + \frac{1}{8} + \frac{1}{16} + \frac{1}{32} + \frac{1}{64} + \frac{1}{128} + \cdots = 2$$

Siehst du die Verbindung zwischen dem Wettrennen des Achilles und der Summe des Archimedes? Überholt Achilles die Schildkröte und wenn ja, an welchem Punkt wird das sein?

Ob das die Grenze der griechischen Mathematik darstellt, bleibt offen. Allerdings haben die Griechen sich mit dieser Art von Problemen schwer getan, was daran liegen kann, dass sie stetig bemüht waren, den Begriff der Unendlichkeit in mathematischer Sicht zu vermeiden.

Auch die oben schon erwähnten Mathematiker des 16./17. Jahrhunderts haben sich mit dieser Summe beschäftigt. Dabei hat der deutsche Mathematiker Gottfried Wilhelm Leibniz den folgenden Beweis vorgelegt:

$$S = 1 + \frac{1}{2} + \frac{1}{4} + \frac{1}{8} + \frac{1}{16} + \frac{1}{32} + \frac{1}{64} + \frac{1}{128} + \cdots$$

$$2S = 2 + 1 + \frac{1}{2} + \frac{1}{4} + \frac{1}{8} + \frac{1}{16} + \frac{1}{32} + \frac{1}{64} + \cdots$$

$$S = 2S - S = 2 + 1 - 1 + \frac{1}{2} - \frac{1}{2} + \frac{1}{4} - \frac{1}{4} + \frac{1}{8} - \frac{1}{8} + \frac{1}{16} - \frac{1}{16} + \cdots = 2$$

Das scheint ein eleganter Beweis dafür zu sein, dass diese Summe gleich 2 ist. Doch Leibniz ist einfach von einer bestimmten Voraussetzung ausgegangen. **Findest du die Schwäche in der Argumentation von Leibniz?**

Du kannst diesen Beweis ja einmal für die Summe der Potenzen der Zahl 2 (das sind die Reziproken der Summanden der oberen Summe) ausprobieren, dann bekommst du vielleicht eine Idee, wo das Problem liegen könnte.

Für diese eben angestellten Überlegungen und Probleme wie das Zenon-Paradoxon muss man sich genauer mit dem Begriff der Unendlichkeit im mathematischen Sinne auseinandersetzen. Wer davon mehr erfahren will, kann in dem Buch „Das Unendliche – Mathematiker ringen um einen Begriff" [1] weiterlesen.

Knobelei

Stelle dir vor, du bist Portier in einem Hotel mit unendlich vielen Zimmern. Leider ist das Hotel total ausgebucht und dennoch kommt ein weiterer Tourist zu dir und bittet um ein Zimmer. Da das Wetter schrecklich und das nächste Hotel weit weg ist, willst du ihn nicht wegschicken. **Wie kannst du ihm ein Zimmer anbieten, ohne einen anderen Gast zu entlassen?**

Literatur

1. Taschner, R. (2005). *Das Unendliche – Mathematiker ringen um einen Begriff.* Berlin: Springer.

3

MineSweeper – Kann man mit der Analyse von Computerspielen Millionen verdienen?

Matthias Müller

M. Müller (✉)
Abteilung für Didaktik der Mathematik und Informatik,
FSU Jena, Jena, Deutschland
E-Mail: matthias.mueller.2@uni-jena.de

Für ein Computerspiel ist es denkbar einfach konzipiert und viele kennen das Spiel, oder haben es zumindest auf ihrem Rechner installiert. Doch was die Meisten nicht wissen ist, dass man mit diesem Spiel Millionen verdienen kann. Die Rede ist von MineSweeper.

Mine Sweeper ist Englisch und bedeutet „Minenräumer". Durch den Namen wird auch der Sinn des Spieles erklärt, der Spieler muss durch logisches Denken herausfinden, hinter welchen Feldern Minen versteckt sind. Als zusätzliche Herausforderung läuft eine Stoppuhr. Das Ziel ist, möglichst schnell alle Felder aufzudecken, hinter welchen keine Minen verborgen sind.

MineSweeper wurde ursprünglich von Microsoft für Windows 3.1 entwickelt und danach jeder Nachfolgeversion für den PC beigelegt. Das Originalspiel umfasst drei Schwierigkeitsgrade. Schauen wir uns gleich mal das Spielfeld der Profi-Kategorie an.

Grundlegend kann man sagen, dass man immer, wenn man ein Feld aufdeckt, einen Informationsgewinn hat. Im schlimmsten Fall findet man mit dem ersten Klick eine Mine und erhält die Information: „Game over". Da das Spielfeld aus 30 mal 16 Feldern besteht und 99 Minen beinhaltet, liegt die Chance auf eine Mine beim ersten Klick bei $\frac{99}{480} \approx 0{,}206$.

Wenn man ein Feld aufgedeckt hat und sich dadurch ein ganzer Bereich öffnet, erscheinen Zahlen, welche anzeigen, wie viele Minen in der direkten Umgebung (den angrenzenden Feldern) liegen. In einigen Fällen ergeben sich damit schon zwingende Positionen von Minen.

MineSweeper – Spielfeld 1

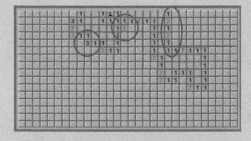

Kreis Links

Aufgrund der *Eins* wissen wir, dass das obere Kästchen von einer Mine besetzt wird. In Verbindung mit der Information der unteren *Drei* und der unteren beiden *Einsen* wissen wir, dass ganz links und ganz rechts jeweils eine Mine liegen muss.

Kreis Mitte
Die beiden *Einsen* zeigen klar an, dass unten links und oben rechts eine Mine liegen muss. Das dritte Feld können wir bedenkenlos aufdecken, da ja schon zwei Minen in der Nähe der *Zwei* liegen.

Kreis Rechts
Es gibt nur eine Möglichkeit, wie die 3 Minen auf die 5 Felder verteilt werden können. **Kannst du sie finden?**
   Wenn man am Anfang des Spieles ein Feld anklickt und nur dieses Feld aufgedeckt wird, dann muss man weiter suchen, bis sich ein ganzer Bereich öffnet. Doch für diesen Fall können wir uns ziemlich schnell eine Spielstrategie überlegen.

Angenommen wir decken eine *Eins* auf. Dann ist die Wahrscheinlichkeit, dass man bei den angrenzenden Feldern eine Mine aufdeckt, gleich $\frac{1}{8} = 0{,}125$.

Für alle anderen Felder liegt die Wahrscheinlichkeit bei $\frac{99-1}{480-9} \approx 0{,}208$.

Damit ist es gefährlicher, ein Feld irgendwo anders als in der direkten Nähe der *Eins* aufzudecken. Wie sieht das für eine aufgedeckte *Zwei* aus? In dem Fall besteht eine Wahrscheinlichkeit von $\frac{2}{8} = 0{,}25$ dafür, eine Mine in der direkten Nähe zu finden,

und es besteht eine Wahrscheinlichkeit von $\frac{99-2}{480-9} \approx 0{,}206$ dafür, eine Mine irgendwo anders zu finden.

Somit ist klar, dass man lieber woanders auf dem Spielfeld auf die Suche nach Minen geht. Zusammengefasst bedeutet das, wenn man eine *Eins* beim ersten Mal aufdeckt, sollte man in unmittelbarer Nähe weiter suchen, bei allen anderen Fällen sollte man in einem anderen Spielfeldteil suchen. **Du kannst dir ja selbst einmal überlegen, was man machen sollte, wenn man in unmittelbarer Nähe einer *Eins* wieder nur ein Feld mit einer *Eins* aufdeckt. Wie sollte man dann verfahren?**

Mit diesen Überlegungen zu den Wahrscheinlichkeiten kann man sich im Spiel auch bei anderen Situationen weiter helfen. Man kann sich aber natürlich noch andere Gedanken machen, vor allem dann, wenn das Spiel im vollen Gange ist, denn oft gibt es bei der richtigen Kombination aller Informationen nur ein mögliches Feld, wo man die nächste Mine findet.

MineSweeper – Spielfeld 2

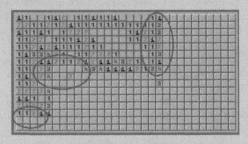

Kreis Links

Aufgrund der zwei *Einsen* wissen wir, dass das in dem dritten Feld von rechts keine Mine liegen darf. Wenn man dieses Feld aufdeckt, kann man weiter spielen.

Kreis Mitte

Die *Vier* und die *Zwei* ganz links zeigen an, dass die unteren drei Felder alle von Minen besetzt sind. Die restlichen Nummern sind eigentlich alle *Einsen,* da weitere Minen an sie angrenzen. Mit dieser Information kann man den ganzen Bereich lösen.

Kreis Rechts

Es gibt nur eine Möglichkeit, wie die 4 Minen auf die 7 Felder verteilt werden können. **Kannst du sie finden?**

Eine spannende Frage, die sich im Laufe des Spieles stellt, ist, ob jedes Spielfeld mit einer beliebigen Verteilung von Minen vollständig aufgedeckt werden kann, egal mit welchem Kästchen man beginnt? (Ausgenommen ist natürlich der triviale Fall, dass man gleich auf eine Mine trifft.)

Man könnte natürlich einfach alle Verteilungen durchspielen. Aber es gibt schon viele Möglichkeiten, die Minen auf dem Spielfeld zu verteilen:

$$\binom{480}{99} = \frac{480!}{99! \cdot 381!} = \frac{480 \cdot 479 \cdot 478 \cdot \ldots \cdot 382}{99 \cdot 98 \cdot 97 \cdot \ldots \cdot 1}$$

Das ist eine verdammt große Zahl. Doch das ist für die Frage vielleicht gar nicht so entscheidend. Es ist auf jeden Fall spannend, an dieser Stelle weiter nachzudenken.

Vielleicht kannst du ja die Frage beantworten: **Kann man jedes Spielfeld von MineSweeper vollständig aufdecken, egal wo man anfängt?**

Um auf den Anfang zurückzukommen, wie man mit MineSweeper Millionen verdienen kann, müssen wir uns eine spezielle Fragestellung zu diesem Spiel genauer anschauen. Manchmal passiert es, dass man ein Feld fälschlicherweise mit einer Mine markiert. Dann kann man das Spiel natürlich nicht beenden, solange man den Fehler nicht gefunden hat.

Wenn man sich nun solche Problem für sehr große Spielfelder vorstellt, wird die Sache schnell unübersichtlich. Richard Kaye von der Universität Birmingham hat sich dazu überlegt, dass man doch einen Algorithmus programmieren könnte, der überprüft, ob alle Felder richtig markiert sind. Er konnte allerdings zeigen, dass es sich dabei um die gleiche Problemstellungen wie bei dem aussagenlogischen Entscheidungsproblem handelt. Dort versucht man, einer Verknüpfung von Aussagen, von denen man weiß, dass sie entweder wahr oder falsch seien können, insgesamt einen Wahrheitswert zuzuordnen. Bei besonders langen Verknüpfungen von Aussagen will man das mit einem Algorithmus prüfen, also genauso wie bei dem MineSweeper-Problem. Das Dumme ist nur, dass diese Probleme NP-schwer sind. Das heißt, dass wir derzeit nicht in der Lage sind, einen Lösungsalgorithmus anzugeben, der von einem heutigen Computer in überschaubarer Zeit abgearbeitet werden kann.

Allerdings ist noch nicht klar, ob es vielleicht doch schneller gehen könnte, also ein Algorithmus existiert, der das Problem in polynomialer Zeit löst. Man weiß bis jetzt noch nicht, ob es solch einen Algorithmus nicht geben kann oder ob er nur noch nicht gefunden wurde.

Genau deswegen hat das Clay Mathematics Institute dieses Problem in der Liste der Millennium-Probleme aufgenommen und mehrere Millionen Dollar für die Lösung des Problems ausgeschrieben. Denn NP-schwere Probleme gibt es viele und alle wären in kurzer Rechenzeit lösbar, wenn man erst einen Algorithmus gefunden hat, der in polynomialer Zeit eines dieser Probleme löst. Wenn man also einen Algorithmus findet der in polynomialer Zeit den Fehler im MineSweeper-Spielfeld findet, dann hätte man auch eine smarten Algorithmus für alle andere NP-Probleme und man wäre um einige Millionen reicher. Wenn ihr dazu noch mehr erfahren wollt, dann folgt dem Link des QR-Codes am Artikelende.

Aber auch wenn man keine Lösung für dieses Problem finden sollte, so macht das Spielen doch großen Spaß!

Knobelei

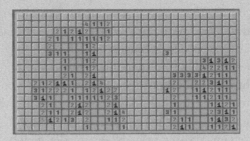

Versuche, auf dem oben stehenden Spielfeld alle Minen zu markieren, die mit den derzeitigen Informationen zu finden sind.

QR-CODE: MINESWEEPER

4

Turnierformen beim sportlichen Wettkampf

Matthias Müller

M. Müller (✉)
Abteilung für Didaktik der Mathematik und Informatik,
FSU Jena, Jena, Deutschland
E-Mail: matthias.mueller.2@uni-jena.de

Es handelt sich um ein relativ bekanntes Problem und vielleicht habt ihr euch auch schon mal darüber Gedanken gemacht: Man will eine Turnierform in irgendeiner Sportart ausrichten und will wissen, wie viele Spiele jedes Team oder jeder Spieler bestreiten muss, beziehungsweise wie viele Spiele es insgesamt geben muss.

Zunächst einmal ist klar, dass die Anzahl der Spiele von der Turnierform abhängt. Dabei gibt es zwei Grundvarianten: Das Elimination-Tournament (KO-System) und das Round-Robin (Jeder gegen Jeden). In den unterschiedlichen Sportarten werden entweder diese Grund- oder jeweilige Mischformen verwendet.

Im Tennis wird bei den vier großen Grand-Slam-Turnieren (Australien Open, French Open, Wimbledon und US Open) jeweils im KO-System gespielt. Das bedeutet, dass ein Spieler nach nur einer Niederlage aus dem Wettbewerb ausscheidet. Damit ist klar, dass es genau so viele Spiele gibt, wie es Verlierer geben muss. Bei einer Anzahl von 81 Teilnehmern (Wimbledon 2011) ergeben sich dann 80 Spiele. Das bedeutet für eine allgemeine Anzahl von n Spielern müssen in einem KO-System $(n - 1)$ Spiele ausgetragen werden.

Die großen europäischen Fußballligen (Premier League, Primera Division, Serie A und 1. Bundesliga) spielen während einer Saison jeweils eine Hin- und eine Rückrunde. In jeder Runde spielt jedes Team gegen jedes Team. In der deutschen Fußballbundesliga gibt es 18 Teams. Das erste Team muss gegen alle anderen Teams außer sich selbst spielen. Das sind 17 Spiele. Das zweite Team muss jetzt nur noch gegen alle Teams außer Team A und sich selbst spielen. Damit sind es $17 + 16$ Spiele. Für das dritte Team gilt: Es muss gegen alle Teams außer dem ersten, dem zweiten und sich selbst spielen. In der Summe sind das $17 + 16 + 15$ Spiele.

Wenn man das fortsetzt, erhält man $17 + 16 + 15 + \cdots + 3 + 2 + 1 = 153$. In der Fußball Bundesliga werden also in einer Runde 153 Spiele ausgetragen, da alle 18 Mannschaften an einem Spieltag spielen, gibt es jeweils $153:9 = 17$ Spieltage in der Hin- und Rückrunde. Für eine beliebige Anzahl an Teams n, die im Round-Robin gegen einander antreten wollen, ist die Anzahl der Spiele die Summe der natürlichen Zahlen von 1 bis $(n - 1)$.

Um eine endliche Summe natürlicher Zahlen zu berechnen, müssen wir einen kleinen Ausflug nach Braunschweig in das Jahr 1786 machen. Der Erzählung nach soll dort in einem Klassenzimmer ein 9-jähriger Junge dem Mathematikunterricht gelauscht haben, der später einer der bedeutendsten Mathematiker überhaupt werden sollte. Die Rede ist von Carl Friedrich Gauß. Der Lehrer hatte den Schülern die Aufgabe gestellt, die natürlichen Zahlen von 1 bis 100 aufzuaddieren. Für die Meisten war das eine kräftezehrende Angelegenheit, da sie die Zahlen mühsam aufsummierten. Der junge Gauß hingegen war in kürzester Zeit fertig und begründete seine Lösung so:

Addiert man 1 und 100, erhält man 101; addiert man 2 und 99, erhält man 101; addiert man 3 und 98, erhält man 101; und so weiter. Jetzt muss man sich nur noch überlegen, wie viele Zahlenpaare es gibt. Es wird schnell klar, dass es sich dabei um die Hälfte der hundert Zahlen handelt, also 50. Damit ist das Ergebnis $50 \cdot 101 = 5050$. Diese Argumentation kann wie folgt verallgemeinert werden:

Gegeben ist eine endliche Summe natürlicher Zahlen S:

$$S = 1 + 2 + 3 + \cdots + (n-2) + (n-1) + n$$

Verdoppelt man S und ordnet die Summanden neu, erhält man

$$2 \cdot S = 1 + 2 + 3 + \cdots + (n-2) + (n-1) + n + 1 + 2 + 3 + \cdots + (n-2) + (n-1) + n$$
$$= (n+1) + ((n-1) + 2) + ((n-2) + 3) + \cdots + ((n-2) + 3) + ((n-1) + 2) + (n+1)$$
$$= n \cdot (n+1)$$

Demnach gilt $2 \cdot S = n \cdot (n+1) \Rightarrow S = \frac{n \cdot (n+1)}{2}$.

Auf der Grundlage dieser Überlegungen kannst Du auch weitere Summenformeln aufstellen. Du kannst Dir ja mal überlegen, wie eine endliche Summe von geraden beziehungsweise ungeraden Zahlen berechnet werden kann.

Nach diesem kurzen Ausflug können wir nun aber endlich wieder zu unserem eigentlichen Problem zurück kehren. Dank Gauß wissen wir jetzt, was die Summe von $1 + 2 + 3 + \cdots + (n-1)$ ist. Damit können wir die allgemeine Anzahl an Spielen für ein Round-Robin-Wettkampfsystem berechnen:

$$1 + 2 + 3 + \cdots + (n-1) = \frac{(n-1) \cdot ((n-1) + 1)}{2} = \frac{n \cdot (n-1)}{2}$$

Beide Wettkampfsysteme haben ihre Vor- und Nachteile. Das Round-Robin gilt als sportlich sehr fair, da jede Mannschaft gegen jede Mannschaft antreten muss und das Weiterkommen nicht an einem einzigen Spiel hängt. Somit muss die beste Mannschaft auch wirklich über weite Teile einer Saison gute Leistungen zeigen. Aber es ist klar, dass diese Variante am längsten dauert und für die Zuschauer nicht sehr attraktiv ist, da nach einem Spiel noch gar nichts fest steht.

Ganz anders ist das bei dem Elimination-Tournament. Das geht schneller und die Zuschauer wissen sofort, wer weiter ist. Dieser endgültige Charakter, dass jedes Spiel das letzte sein könnte, macht für viele Zuschauer den besonderen Reiz aus. Damit haben auch Underdogs immer wieder eine gute Chance in diesen Turnieren sehr weit zu kommen. Genau das kann aber aus Sicht des sportlichen Leistungsvergleiches bemängelt werden, denn man weiß bei einem Elimination-Tournament nie, ob auch wirklich die beste Mannschaft oder der beste Spieler gewonnen hat. Dafür ist das Round-Robin-System eher geeignet.

Um alle Aspekte zu berücksichtigen und eine gewisse ausgewogene Mischung zu erreichen, werden viele Wettkämpfe in Hybridformen ausgetragen. Bekannte Beispiele dafür sind die Fußball-Europa- und Weltmeisterschaften. Diese bestehen jeweils aus einer Vorrunde, die im Round-Robin-System in Vierergruppen ausgetragen wird, und aus der Hauptrunde, in der die Gruppensieger im KO-System gegen einander antreten. Bei der Fußball-EM treten 16 und bei der Fußball-WM treten 32 Mannschaften an.

Du kannst Dir ja mal überlegen, wie viele Spiele bei jeder Meisterschaft gespielt werden. Vielleicht kannst Du ja auch eine Formel für eine allgemeine Anzahl an Teams, die an einer Fußballmeisterschaft teilnehmen, aufstellen.

Wenn Du noch mehr über die Zusammenhänge zwischen Mathematik und Sport erfahren willst, kannst Du in dem Buch „Mathematik + Sport: Olympische Disziplinen im mathematischen Blick" [1] weiterlesen.

Knobelei

Wie oft muss man eine Tafel Schokolade brechen, damit sie in all ihre Stücke zerteilt ist? Kannst Du eine Verbindung zu einem hier vorgestellten Spielsystem herstellen?

Literatur

1. Ludwig, M. (2008). *Mathematik + Sport: Olympische Disziplinen im mathematischen Blick*. Wiesbaden: Vieweg + Teubner.

5

Eine kleine Übersicht zu weiteren Turnierformen

Tim Fritzsche

T. Fritzsche (✉)
Wurzel e. V., FSU Jena, Jena, Deutschland
E-Mail: tif@wurzel.org

© Springer Fachmedien Wiesbaden GmbH 2017
M. Müller (Hrsg.), *Überraschende Mathematische Kurzgeschichten*,
DOI 10.1007/978-3-658-13895-0_5

Nachdem im vorherigen Artikel das Augenmerk auf das System *Jeder-gegen-Jeden* (Round-Robin) und das KO-System gelegt wurde, wollen wir hier einen Überblick über weitere gängige Turnierformen geben. Wir gehen wie eben davon aus, dass an einem Spiel genau zwei Parteien (Spieler bzw. Mannschaften) beteiligt sind. Wer an dieser Stelle Anregungen für die Organisation des nächsten Skat-Turniers o. Ä. sucht, den müssen wir leider enttäuschen.

Bei der Wahl des Turniermodus sind mehrere Sachen zu bedenken. Zum einen sollten die stärksten Teilnehmer natürlich den Turniersieg unter sich ausmachen, andererseits will man möglicherweise viel Spannung in das Turnier bringen. Insbesondere für Zuschauer ist der zweite Punkt oft deutlich wichtiger als der erste. Des Weiteren ist auf die Gesamtzahl der Spiele sowie die Anzahl der Spiele für die einzelnen Teilnehmer zu achten. Beispielsweise eignet sich das KO-System für die meisten Breitensport-Turniere nicht, da bereits in der ersten Runde die Hälfte aller Teilnehmer ausscheiden würde und schließlich zur Siegerehrung die meisten Spieler schon zu Hause wären. Für das Round-Robin-System fehlt es hingegen oft an der nötigen Zeit oder es scheitert an der zu geringen Zahl an Spielflächen. In vielen Turnieren wird daher eine Mischform – Gruppenphase + KO-System – gespielt, doch oft raubt schon die Gruppenphase sehr viel Zeit. Schauen wir uns daher einige Alternativen an.

Doppel-KO-System

Das Doppel-KO-System ist eine Erweiterung des einfachen KO-Systems, die dafür sorgt, dass jeder Spieler/jedes Team mindestens zwei Spiele hat. Neben dem gewöhnlichen Turnierbaum T_1 des KO-Systems kommt hier noch ein zweiter Turnierbaum T_2 für die Mannschaften hinzu, die ein Spiel verloren haben. Die erste Runde im Baum T_2 spielen also die Verlierer der ersten Runde des Baums T_1. Die Gewinner dieser Runde treffen dann auf die Verlierer der zweiten Runde des Baums T_1, die Gewinner dieser Runde spielen dann eine weitere KO-Runde unter sich aus. Danach kommen die Verlierer der dritten Runde des Baums T_1 hinzu usw. Schließlich trifft der Gewinner des Baums T_1 im Finale auf den Sieger des Baums T_2.

Das Doppel-KO-System sorgt für etwas mehr Fairness als das KO-System, da man auch nach einer unglücklichen Niederlage noch die Chance auf den Turniersieg bzw. eine gute Platzierung hat. Es nimmt damit auch etwas die Schärfe aus der Auslosung, die im KO-System dadurch entsteht, dass evtl. in der ersten Runde schon zwei der stärksten Teilnehmer aufeinander treffen können und einer zwangsläufig ausscheidet. Dafür bringt es einen deutlichen organisatorischen Nachteil mit sich: Im Durchschnitt müssen für jede Runde im Baum T_1 zwei Runden im Baum T_2 gespielt werden. Das kann dazu führen, dass einzelne Spieler/Mannschaften verhältnismäßig viele Spiele bestreiten, obwohl sie am Ende mit dem Turniersieg gar nichts zu tun haben und besonders gegen Ende des Turniers ein Spieler/Team viele Spiele direkt hintereinander haben kann. Für große Teilnehmerfelder eignet sich das Doppel-KO-System daher in der Regel eher weniger. Zumeist kommt es in Sportarten wie Tischtennis oder Beachvolleyball zur Anwendung, aufgrund der oben beschriebenen organisatorischen Nachteile jedoch nicht bei Turnieren auf internationaler Ebene.

Wie viele Spiele gibt es in einem Turnier mit n Teilnehmern, das nach dem Doppel-KO-System gespielt wird? Wie viele Spiele hat der Sieger mindestens, wie viele höchstens?

KO-System mit Trostrunde
Das KO-System mit Trostrunde unterscheidet sich vom Doppel-KO-System im Wesentlichen dadurch, dass die Bäume T_1 und T_2 nicht zusammengeführt werden. Das letzte Spiel im Baum T_1 ist also das Finale des Turniers, die Spieler/Teams im Baum T_2 kämpfen noch um den dritten Platz (häufig wird das Finale des Baums T_2 nicht ausgespielt, sodass es dann zwei dritte Plätze gibt – das liegt in der Regel am oben angesprochenen Nachteil des Doppel-KO-Systems).

In der Praxis wird die Trostrunde aber oft noch derart abgewandelt, dass man annimmt, dass Gewinnen eine transitive Relation ist, d. h., wenn Team A gegen Team B gewinnt und Team C von Team B geschlagen wird, dann sollte Team A wohl auch gegen Team C gewinnen. Mit dieser Annahme kann man den Baum T_2 nämlich deutlich verkleinern und die Probleme des Doppel-KO-Systems umgehen. In den Baum T_2 (die Trostrunde) werden nur die Teams aufgenommen, die gegen die Finalisten (ggf. auch Halbfinalisten) verloren haben. Im Durchschnitt ist dann pro Runde im Baum T_1 nur eine Runde im Baum T_2 nötig.

Allerdings muss man evtl. ziemlich lange warten (z. B. bei einer Erstrundenniederlage), bis klar ist, ob man es überhaupt in die Trostrunde geschafft hat, da das ja ausschließlich von dem Gegner abhängt, gegen den man verloren hat. Bei den olympischen Spielen fand dieser Modus im Ringen, Judo und Taekwondo Anwendung. Aufgrund der eben beschriebenen Wartezeit, wodurch die Bäume T_1 und T_2 nacheinander abgearbeitet werden müssen, eignet sich dieses System nur bedingt für große Teilnehmerfelder. Im Judo wurde die Trostrunde deshalb dahin gehend modifiziert, dass man mindestens ins Viertelfinale kommen muss, um die Trostrunde zu erreichen – womit der Unterschied zum herkömmlichen KO-System nicht mehr allzu groß ist und man kaum noch von größerer Fairness im Vergleich zum KO-System sprechen kann.

Knobelei

Es soll ein Turnier im Ringen veranstaltet werden, das nach dem Modus KO-System mit Trostrunde ausgetragen wird, wobei die Trostrunde nur erreicht, wer gegen einen der beiden Finalisten verloren hat. Es stehen zwei Matten zur Verfügung, ein Kampf dauert (inklusive Pausen) höchstens zehn Minuten, jeder Kämpfer muss zwischen zwei Kämpfen mindestens zehn Minuten Pause haben und das Finale soll der letzte Kampf sein. **Wie viele Kämpfer dürfen maximal am Turnier teilnehmen, wenn dieses höchstens fünf Stunden dauern soll? Wie viele wären es, wenn das Turnier im Doppel-KO-System ausgetragen würde?**

Round-Robin und Page-Playoff-System

In diesem Abschnitt schauen wir uns eine relativ moderne Form der Verknüpfung von Liga-System und KO-Runde an. Die an die Round-Robin anschließende KO-Runde ist rein sportlich gesehen eigentlich unnötig, erhöht aber die Spannung für die Zuschauer und sorgt oft auch für deutlich emotionalere Partien. Meistens[1] besteht der Vorteil des Siegers der Round-Robin dann ausschließlich darin, den vermeintlich schwächsten der verbliebenen Gegner zu erhalten, prinzipiell hat jedoch jeder Playoff-Teilnehmer dieselben Chancen auf den Gesamtsieg.

Das Page-Playoff-System berücksichtigt dagegen die Round-Robin-Platzierungen der Teilnehmer und räumt den vorn Platzierten einen Vorteil ein. Zur Erklärung gehen wir von vier Playoff-Teilnehmern aus. Dann spielen zuerst die beiden Ersten der Liga gegeneinander, der Sieger steht im Finale, der Verlierer trifft auf den Sieger des Spiels Dritter gegen Vierter. Der Gewinner dieses Spiels ist der zweite Finalteilnehmer. Ob der Verlierer dieser Begegnung den dritten Platz belegt oder dieser noch unter den beiden Nichtfinalisten ausgespielt wird, wird unterschiedlich gehandhabt.

Das System ist (noch) nicht weit verbreitet, internationale Curling-Turniere sowie die australische Männer-Fußballliga (diese mit sechs Playoff-Teilnehmern) und einige Softball[2]-Turniere (mit bis zu acht Playoff-Teilnehmern) werden nach diesem Modus ausgetragen.

Ein Turnier mit zwölf Teilnehmern wird im Modus Round-Robin + Page-Playoff (vier Teilnehmer) gespielt. Wie viele Spiele hat der Turniersieger im gesamten Turnier höchstens verloren?

---

[1]in Deutschland u. a. in vielen Bundesligen der Mannschaftssportarten
[2]eine Baseball-Variante, zumeist von Frauen gespielt

Schweizer System

Wir kommen noch einmal zurück zur Organisation eines Turniers mit vielen Teilnehmern. Gibt es neben den vielen Teilnehmern auch noch viele Spielfelder, so bietet sich das Schweizer System an. Das Turnier besteht bei n Teilnehmern meist aus ungefähr $m := \lceil \log_2 n \rceil$ Runden, d. h., jeder Teilnehmer hat m Spiele. Wer in Runde k gegen wen spielt, wird immer erst nach Runde $k - 1$ festgelegt. In jeder Begegnung treffen dann Spieler aufeinander, die bisher (fast) die gleiche Anzahl an Punkten gesammelt haben, außerdem erhält niemand zweimal denselben Gegner. Der Spielplanersteller muss gegebenenfalls etwas hin und her probieren, bis die Paarungen der nächsten Runde feststehen. Dass m Runden gespielt werden, hängt damit zusammen, dass man mindestens so viele Runden benötigt, um einen eindeutigen Sieger zu ermitteln. Sind auch Unentschieden in den einzelnen Begegnungen möglich, ist dies natürlich nicht mehr der Fall. Allerdings braucht man eine gewisse Zahl an Partien, um mit hoher Wahrscheinlichkeit garantieren zu können, dass die besten Teilnehmer schließlich auch vorn landen. Außerdem sorgt der Modus dafür, dass vor allem in den letzten Runden die besten Spieler aufeinander treffen. Damit erhalten die abschließenden Begegnungen oft den Charakter von KO-Spielen, obwohl ein Rundenturnier gespielt wird.

In der Praxis ist das Schweizer System vornehmlich bei Schachturnieren anzutreffen, auch Badminton-Turniere werden des Öfteren nach diesem Modus ausgetragen. Neben dem Vorteil, dass jeder Teilnehmer dieselbe Anzahl an Spielen hat, sind die stärksten Teilnehmer praktisch immer am oberen und die schwächsten am unteren Tabellenende zu finden, nur die Platzierungen im Mittelfeld sind stark vom Zufall beeinflusst. Außerdem bedeutet eine unglückliche Niederlage nicht sofort das Aus. In Sachen Fairness ist diese Turnierform dem KO-System also klar überlegen und benötigt, falls genügend Spielfelder vorhanden sind, deutlich weniger Runden als das Doppel-KO-System, um den Sieger zu küren.

6

Hilbert und das unendliche Hotel – Wie schwierig ist eigentlich die Arbeit eines Hotelportiers?

Kinga Szücs

K. Szücs (✉)
FSU Jena, Jena, Deutschland
E-Mail: kinga.szuecs@uni-jena.de

© Springer Fachmedien Wiesbaden GmbH 2017   **27**
M. Müller (Hrsg.), *Überraschende Mathematische Kurzgeschichten*,
DOI 10.1007/978-3-658-13895-0_6

Abb. 6.1 Zuordnung der natürlichen Zahlen

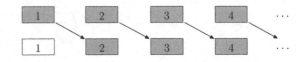

Liebe Leser,

wie ihr euch bestimmt erinnern könnt, gab es in einem früheren Ableger-Artikel eine Knobelei zur Unendlichkeit: Man ist Portier in einem fiktiven Hotel mit unendlich vielen Zimmern, das allerdings komplett ausgebucht ist. Nun kommt ein weiterer Gast und möchte im Hotel übernachten. Wie könnte man ihm ein Zimmer anbieten, ohne einen anderen Gast verabschieden zu müssen? Diese Frage soll heute der Ausgangspunkt für die folgenden Überlegungen sein.

Zunächst wollen wir festhalten, dass diese Frage sehr merkwürdig ist. Hat man nämlich normalerweise ein ausgebuchtes Hotel (mit endlich vielen Zimmern), dann ist es nicht denkbar, dass da doch noch jemand übernachtet. Wenn wir z. B. in einem Hotel 20 Einzelzimmer haben (der Einfachheit halber betrachten wir im Folgenden nur Hotels mit Einzelzimmern), können wir dort nicht 21 Personen unterbringen. Wie sieht es aber in unserem fiktiven Hotel mit unendlich vielen Zimmern aus?[1]

Naja, hierzu brauchen wir außer der Mathematik noch etwas: die Hilfsbereitschaft der Hotelgäste. Nehmen wir an, dass die Hotelgäste, die alle in durchnummerierten Einzelzimmern wohnen, bereit sind, auf Wunsch des Portiers einmal das Zimmer zu wechseln. Der Portier kann einfach über Lautsprecher alle gleichzeitig benachrichtigen und erklären, wer mit welcher Zimmernummer in welches andere Zimmer ziehen soll. Wenn das so ist, und warum sollte es in einem fiktiven Hotel anders sein, können wir die Mathematik einsetzen: Der Portier sagt über Lautsprecher, dass jeder Gast in das Zimmer mit der darauf folgenden Zimmernummer des bisherigen ziehen soll. d. h., der Gast im Zimmer mit der Nummer 1 ins Zimmer mit der Nummer 2, der Gast im Zimmer mit der Nummer 2 ins Zimmer mit der Nummer 3 usw. (siehe Abb. 6.1).

Der Vorgang hat zur Folge, dass das erste Zimmer frei wird und in dieses Zimmer der neue Gast einziehen kann. Es gibt aber dabei eine verblüffende Tatsache: Wir haben zu einer Menge (der Menge der natürlichen Zahlen) 1 addiert und diese Menge ist dadurch nicht größer geworden. Mathematiker sagen dazu, dass die Mächtigkeit der beiden Mengen gleich ist. Auf die Mächtigkeit kommen wir noch zu sprechen, es reicht an dieser Stelle, wenn du dir vorstellst, dass es dabei um die Anzahl der Elemente einer Menge geht.

---

[1]Dieses Gedankenexperiment stammt von David Hilbert (1862–1943), einem der bedeutendsten deutschen Mathematiker. Es wird daher auch oft als Hotel Hilbert oder das Hilbertsche Hotel bezeichnet.

Man könnte es also auch so formulieren: Die Menge der natürlichen Zahlen (in der Abbildung die erste Zeile) ist gleichmächtig zu einer ihrer echten Teilmengen (nämlich der Menge der natürlichen Zahlen größer gleich 2 – in der Abbildung die zweite Zeile). Das ist etwas, was bei endlichen Mengen überhaupt nicht vorkommen kann, bei unendlichen Mengen aber durchaus. Ich möchte allerdings betonen, dass es bei diesen echten Teilmengen immer um unendliche Teilmengen gehen muss. Wir werden nie zeigen können, dass es genauso viele natürliche Zahlen gibt, wie Zahlen in der Menge $\{1, 2, 3\}$.

Kannst du mithilfe der bisherigen Überlegungen zeigen, dass der Portier durch einmalige Benachrichtigung der Hotelgäste auch eine Reisegruppe mit endlich vielen Gästen zusätzlich beherbergen kann?

Nehmen wir nun an, es kommt ein Bus mit unendlich vielen Gästen an. Die Plätze im Bus, genauso wie die Zimmer im Hotel, seien durchnummeriert. Was könnte der Portier in diesem Fall machen?

Hierzu brauchen wir schon eine neue Idee, wir möchten ja irgendwie unendlich viele freie Zimmer erzeugen. Eine Möglichkeit hierfür wäre, dass wir im Hotel Folgendes durchsagen lassen: Jeder Gast soll seine Zimmernummer mit 2 multiplizieren und ins Zimmer mit dieser Nummer ziehen. Der Umzug ist in Abb. 6.2 veranschaulicht.

Der Vorgang hat zur Folge, dass jedes zweite Zimmer frei wird. In diese Zimmer können wir nun die Fahrgäste des unendlichen Busses schicken. Wir müssen ihnen nur sagen, dass sie ihre Platznummer mit 2 multiplizieren und davon 1 abziehen sollen. Jeder sollte dann ins Zimmer mit der neuen Nummer gehen, d. h. $1 \to 2 \cdot 1 - 1 = 1; 2 \to 2 \cdot 2 - 1 = 3; 3 \to 2 \cdot 3 - 1 = 5$ usw. Derart haben wir im ersten Schritt die Menge der natürlichen Zahlen auf die Menge der geraden Zahlen abgebildet und beim zweiten auf die Menge der ungeraden Zahlen. Verblüffend, nicht wahr? Es gibt also genauso viele gerade Zahlen wie natürliche Zahlen und genauso viele ungerade Zahlen wie natürliche Zahlen. Daraus folgt, dass es genauso viele gerade wie ungerade Zahlen gibt.

Könntest du auch zeigen, dass es genauso viele ganze Zahlen wie natürliche Zahlen gibt?

Gehen wir aber noch einen Schritt weiter: Was soll der Portier tun, wenn nicht nur einer, sondern unendlich viele Busse mit jeweils unendlich vielen Fahrgästen ankommen? Das könnt ihr euch so vorstellen: Die Busse sind

Abb. 6.2 Zuordnung der natürlichen Zahlen zu den geraden Zahlen

durchnummeriert, jeder Bus hat auf der Frontseite eine Nummer und sie kommen der Reihe nach an.

Eine mögliche Lösung liefert die folgende Idee: Jeder Hotelgast soll die natürlichen Zahlen bis zu seiner Zimmernummer aufaddieren. Der Gast mit Zimmernummer n zieht dann in das Zimmer mit der Nummer $1 + 2 + \cdots + n$ (siehe Abb. 6.3).

Diese Zuordnung ergibt nicht nur, dass nach dem Umzug unendlich viele Zimmer frei werden, sondern dass die Lücken, die zwischen zwei besetzten Zimmern entstehen, immer größer werden. Wir haben am Anfang eine Lücke von einem Zimmer (das ist das Zimmer mit der Nummer 2), dann eine Lücke von zwei Zimmern (Zimmer 4 und 5), dann eine Lücke von drei Zimmern (Zimmer 7, 8 und 9), und so weiter.

Kannst du begründen, warum die Lücken immer genau um Eins größer werden?

Nun müssen wir zeigen, dass alle Fahrgäste aus den Bussen in diesen freien Zimmern Platz finden können. Hierbei ist uns das sog. erste Cantorsche Diagonalverfahren behilflich, obwohl wir es in einer geänderten Form anwenden werden. Da jeder Fahrgast über zwei Nummern – über eine Busnummer und eine Platznummer – verfügt, können wir sie in einer unendlichen Tabelle zusammenfassen. Die Summe aus diesen beiden Nummern wird in die entsprechende Spalte bzw. Zeile eingetragen (Tab. 6.1):

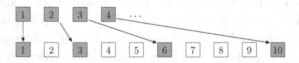

Abb. 6.3 Zuordnung der natürlichen Zahlen (Vorbereitung Erstes Cantorsches Diagonalverfahren)

Tab. 6.1 Erstes Cantorsches Diagonalverfahren

		Busnummer m				
		1	2	3	4	...
Platznummer n	1	2	3	4	5	...
	2	3	4	5	6	...
	3	4	5	6	7	...
	4	5	6	7	8	...
	.	.	.	.	.	.

Verteilung der Gäste auf die frei gewordenen Zimmer mittels Platz- und Busnummer

Es ist ersichtlich, dass es genau eine Person mit der Summe 2, genau zwei Personen mit der Summe 3, genau drei Personen mit der Summe 4 etc. gibt. Weiterhin kann man schnell überblicken, dass die Person mit der Summe 2 in die erste Lücke geschickt werden kann, die zwei Personen mit der Summe 3 in die zweite Lücke reinpassen, usw.

Wenn man eine genaue und eindeutige mathematische Zuordnung formulieren möchte, betrachte man Folgendes: Bezeichne m die Busnummer und n die Platznummer der Fahrgäste. Die Funktion

$$f(m, n) = -m + \sum_{i=1}^{m+n} i \quad m, n \in \mathbb{N}$$

gibt dann die Zimmernummer der Fahrgäste an.

Eine Folgerung aus diesen Überlegungen ist, dass es höchstens so viele positive rationale Zahlen geben kann, wie es natürliche Zahlen gibt. (Wenn du dir das genauer überlegen möchtest, mein Tipp: Die Bus- und Platznummern kann man als Nenner bzw. Zähler eines Bruches betrachten.) Da die natürlichen Zahlen eine echte Teilmenge der positiven rationalen Zahlen sind, muss es mindestens so viele geben. Somit sind auch diese zwei unendlichen Mengen, also die Menge der positiven rationalen Zahlen und die Menge der natürlichen Zahlen gleichmächtig.

Von hier ist es nur noch ein Katzensprung bis zum Beweis, dass auch die Menge der rationalen Zahlen und die Menge der natürlichen Zahlen gleichmächtig sind. Hast du eine Idee, wie?

Wenn man nun so viele unendliche Mengen betrachtet hat und letztendlich immer feststellt, dass sie alle gleichmächtig sind, könnte man vermuten, dass alle unendlichen Mengen aufeinander abgebildet werden können und somit gleichmächtig sind. Ich kann euch jetzt schon beruhigen: Das ist nicht so. Zum Beispiel hat Cantor gezeigt, dass die Menge der reellen Zahlen auf eine gewisse Art und Weise mehr Elemente enthält, als die Menge der rationalen Zahlen. Man sagt daher auch, dass die Menge der reellen Zahlen überabzählbar ist. Aber darüber sprechen wir das nächste Mal – versprochen.

Als Lesetipps seien abschließend noch die beiden Beiträge „Das Hotel Hilbert" [1] und „Cantor fragt: unendlich = unendlich?" [2] empfohlen.

Literatur

1. Casiro, F. (2005). Das Hotel Hilbert. *Spektrum der Wissenschaft Spezial Unendlich (plus 1), 5*(2), 76–79.
2. Richter, K. (2002). Cantor fragt: unendlich = unendlich? *Mathematik lehren, 112,* 9–13.

7

Punkt, Satz und Sieg – Oder doch nicht?

Matthias Müller

M. Müller (✉)
Abteilung für Didaktik der Mathematik und Informatik,
FSU Jena, Jena, Deutschland
E-Mail: matthias.mueller.2@uni-jena.de

© Springer Fachmedien Wiesbaden GmbH 2017
M. Müller (Hrsg.), *Überraschende Mathematische Kurzgeschichten*,
DOI 10.1007/978-3-658-13895-0_7

In der Ableger-Ausgabe zu Wettbewerbssystemen haben wir uns mit möglichen Turnierformen beschäftigt. Ein (sportlicher) Wettstreit bietet aber noch mehr spannende Anhaltspunkte, diese mathematisch zu hinterfragen. So ist zum Beispiel die Frage nach der Punkteverteilung interessant.

Beim Fußball ist es sehr einfach: Jedes Tor zählt einen Punkt. Beim Tennis ist es ähnlich, es wird aber wie folgt gezählt: 15, 30, 40, ein Spiel. Der Gewinn des ersten Ballwechsels in einem Spiel bringt 15 Punkte, der zweite auch und der dritte bringt 10 Punkte. Mit dem vierten gewonnen Ballwechsel gewinnt man das Spiel. Mehrere Spiele wiederum ergeben einen Satz. Bei den Männern sind für einen Match-Sieg gewöhnlich drei Gewinnsätze nötig. Diese komplizierte Form des Zählens ist traditionell begründet, aber eigentlich ist jeder gewonnene Ballwechsel gleichviel wert, daher könnte man auch einfach 1, 2, 3, 4 zählen; macht man aber nicht.

Im Basketball ist das schon anders, da ist nicht jeder geworfene Korb gleichviel wert. Da es ja schwieriger ist, den Korb von weiter hinten aus dem Spielfeld zu treffen, hat man sich eine Gewichtung der Punkte für unterschiedliche Würfe überlegt. Der Freiwurf bringt 1 Punkt, der Korberfolg aus dem Spiel heraus bringt 2 Punkte und der Korberfolg aus dem Spiel jenseits einer bestimmten Linie bringt 3 Punkte.

Natürlich gibt es so etwas auch in anderen Sportarten. Im Rugby muss der Ball hinter der gegnerischen Linie abgelegt werden. Das bringt 5 Punkte. Im Anschluss bekommt das erfolgreiche Team noch einen Versuch, den Ball durch das Tor zu kicken. Wenn das gelingt, erhält die Mannschaft 2 weitere Punkte. Außerdem kann man noch 3 Punkte erzielen, wenn man den Ball aus dem Spiel heraus per Drop-Kick oder Straftritt durch das Tor befördert.

Du kannst dir ja mal überlegen, was es für einen Grund geben könnte, die Punkte beim Rugby so zu verteilen. Was macht es zum Beispiel aus, dass die 3, die 5 und die 7 Primzahlen sind?

Eigentlich wird ein Wettkampf für Zuschauer erst so richtig spannend, wenn sich die Punktevergabe verändert. Wenn also die späteren Punkte im Spiel mehr wert sind als die früheren Punkte und ein Spieler lange Zeit die Möglichkeit hat, mit einem Punkterfolg das Blatt zu wenden. Genau das wissen auch die Produzenten von „Schlag den Raab".

In der Unterhaltungsshow tritt ein vom Publikum gewählter Kandidat gegen den Entertainer Stefan Raab an. Sie spielen mehrere Spiele, wobei jedes Spiel einen Punkt mehr wert ist als das vorangegangene Spiel. Das erste Spiel zählt einen Punkt.

Es stellt sich also die Frage: Wann hat ein Kandidat den Wettstreit mit Sicherheit gewonnen, wenn maximal 15 Spiele gespielt werden? Wir wissen, wie wir die Maximalpunktzahl bestimmen können. Dabei hilft uns wieder die Summenformel:

$$1 + 2 + 3 + \cdots + 15 = \sum_{i=1}^{15} i = \frac{15 \cdot (15 + 1)}{2} = 120$$

Das bedeutet, ein Kandidat muss mehr als 60 Punkte erreichen damit er den Wettstreit für sich entscheidet. Demnach ergibt sich für die Mindestanzahl an zu spielenden Spielen:

$$1 + 2 + 3 + \cdots + k = \sum_{i=1}^{k} i > 60 \quad mit \, 1 \leq k \leq 15$$

$$\Leftrightarrow \frac{k \cdot (k + 1)}{2} > 60$$

$$\Leftrightarrow k^2 + k - 120 > 0$$

Zum Glück gibt es ja eine Lösungsformel für quadratische Gleichungen:

$$k_{1,2} = -\frac{1}{2} \pm \sqrt{\frac{1}{4} + 120} = \frac{-1 \pm \sqrt{481}}{2}$$

Da k größer Null sein soll, ergibt sich:

$$k > \frac{-1 + \sqrt{481}}{2} \approx 10,47$$

Also steht frühestens nach dem 11. Spiel fest, wer der Sieger ist. Somit bleibt der Ausgang dieses Wettkampfes über lange Zeit offen und die Sendung hat eine bestimmte Mindestdauer, was natürlich sehr wichtig für die Werbeeinnahmen ist.

Kann es eigentlich zu einem Unentschieden nach 15 Spielen kommen? Was meinst du dazu?

Was passiert aber, wenn es nicht 15 Spiele gibt? Wenn wir den allgemeinen Fall für n viele Spiele mit einer Summe $P = 1 + \cdots + n$ von zu vergebenden Punkten untersuchen, stellen wir fest, dass dies nicht viel schwieriger als die vorangegangene Überlegung ist:

$$1 + 2 + 3 + \cdots + k = \sum_{i=1}^{k} i > \frac{P}{2} \; mit \; 1 \le k \le P$$

$$\Leftrightarrow \frac{k \cdot (k+1)}{2} > \frac{P}{2}$$

$$\Leftrightarrow k^2 + k - P > 0$$

Daraus ergibt sich:

$$k_{1,2} = -\frac{1}{2} \pm \sqrt{\frac{1}{4} + P} = \frac{-1 \pm \sqrt{1 + 4P}}{2} = \frac{-1 \pm \sqrt{1 + 4 \cdot \left(\frac{n \cdot (n+1)}{2}\right)}}{2} = \frac{-1 \pm \sqrt{2n^2 + 2n + 1}}{2}$$

Zugegebener Maßen ist das eine unhandliche Formel und daher ist die Frage berechtigt, warum man sich mit dem allgemeinen Fall auseinandersetzt. Nun ja, in der Tat gibt es verschiedene Spielvarianten, die eine andere Gesamtpunktzahl haben.

Es gibt z. B. noch ein ähnliches Format mit dem Namen „Schlag den Star". Das Spielprinzip ist das gleiche, es werden aber nur 9 Spiele gespielt, daher sind maximal 45 Punkte zu vergeben:

$$1 + 2 + 3 + \cdots + 9 = \sum_{i=1}^{9} i = \frac{9 \cdot (9+1)}{2} = 45$$

Da die Anzahl der Gesamtpunkte ungerade ist, ergibt sich ein interessantes Phänomen. Es ist ja unmöglich genau die Hälfte der Punkte zu erreichen. Entweder man hat mehr oder weniger als die Hälfte. Das hat Auswirkungen auf die Bedeutung von Spielen bei bestimmten Punktverteilungen. Steht es zum Beispiel nach dem 7. Spiel 14:14, so gewinnt der Sieger des 9. Spiels den Abend völlig unabhängig davon, wer das 8. Spiel gewinnen wird. Außerdem ist das 7. Spiel ohne Bedeutung, wenn es nach dem 6. Spiel 15:6 steht. Der zurückliegende Kontrahent muss, um zu gewinnen, sowohl Spiel 8 als auch Spiel 9 für sich entscheiden. Der Ausgang des 7. Spiels spielt also keine Rolle.

Im Gegensatz zu der langen Mindestspielzeit an einem Abend hatten die Verantwortlichen diesen Effekt wahrscheinlich nicht bedacht, oder billigend in Kauf genommen.

Gibt es noch mehr Punktestände, bei denen ein Spiel irrelevant werden kann? Gibt es überhaupt einen Verlauf, bei dem kein Spiel irrelevant ist?

Knobelei

In einem Korb liegen 5 Äpfel. Um den Korb stehen 5 Kinder, die je einen Apfel bekommen möchten. Kann jedes Kind einen Apfel erhalten und dennoch ein Apfel im Korb verbleiben?

QR-CODE: SCHLAG DEN RAAB

8

Origami: Regelmäßige Drei- und Sechsecke aus Papierstreifen

Michael Schmitz

M. Schmitz (✉)
FSU Jena, Jena, Deutschland
E-Mail: michael.schmitz@uni-jena.de

© Springer Fachmedien Wiesbaden GmbH 2017
M. Müller (Hrsg.), *Überraschende Mathematische Kurzgeschichten*,
DOI 10.1007/978-3-658-13895-0_8

In dieser kleinen Betrachtung geht es um das Falten regelmäßiger Drei- und Sechsecke aus Papierstreifen. Die dazu benötigten Papierstreifen sollten ca. 5 cm breit und mindestens 1 m lang sein. Kassenrollen eigenen sich hier gut als Lieferant solcher Streifen. Auch aus Geschenkpapierrollen kann man sie schneiden.

Wir beginnen mit einem solchen Streifen, der quer vor uns liegt (siehe Abb. 8.1). Dann gibt es eine untere und eine obere Streifenkante, auf die wir uns immer wieder beziehen werden.

Als Erstes falten wir am linken Ende des Streifens eine beliebige Faltkante A_0B_0, wie es in Abb. 8.2a zu sehen ist. Hier bezeichnet α_0 den Winkel, den die Faltlinie A_0B_0 mit der unteren Streifenkante einschließt. Nun falten wir die obere Streifenkante auf A_0B_0. Dabei geht die entstehende Faltlinie durch B_0 (Abb. 8.2b) und schneidet die untere Streifenkante in A_1.

Als Nächstes wird die untere Streifenkante auf A_1B_0 gefaltet, wobei die Faltkante durch A_1 geht und die obere Streifenkante in B_1 schneidet. Den Winkel, den A_1B_1 mit der unteren Streifenkante bildet, bezeichnen wir mit α_1 (Abb. 8.2c). Dieses Verfahren setzen wir nun so weit fort, bis der Streifen

Abb. 8.1 Papierstreifen

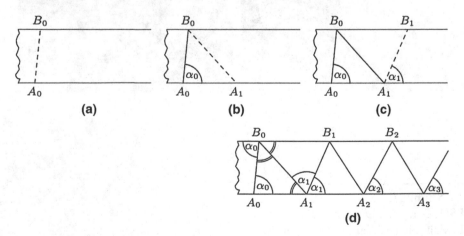

Abb. 8.2 Falten eines Papierstreifens

aufgebraucht ist (Abb. 8.2d). Sehen wir uns den gefalteten Streifen an, so erkennen wir, dass er in lauter Dreiecke eingeteilt ist. Abgesehen von den ersten Dreiecken scheinen die übrigen Dreiecke ziemlich regelmäßig zu sein (siehe Abb. 8.3).

Zu unserer Überraschung scheint das Entstehen der regelmäßigen Dreiecke unabhängig vom Anfangswinkel α_0 zu sein, wie man mit mehreren Versuchen feststellen kann (siehe Abb. 8.4). Dies wollen wir jetzt überprüfen, indem wir die Größen der Winkel α_1, α_2, α_3, ... in Abhängigkeit von α_0 bestimmen. Damit eröffnet diese Papierstreifenfaltung ein interessantes Übungsfeld für Zahlenfolgen, Summenformeln und Grenzwerte, wie wir gleich sehen werden. Die folgenden Betrachtungen haben ihre Grundlage in den Artikel von Hilton, Pedersen und Walser. Die Beiträge [1], [2] und [3] sind als Literaturempfehlung am Ende des Artikels aufgeführt. Eine ausführlichere Darstellung wird ebenfalls auf der Webpage www.mathegami.de, die unter dem ersten QR-Code am Artikelende zu erreichen ist, gegeben. Dort findet man auch regelmäßige n-Ecke aus Papierstreifen gefaltet, die nicht mit Zirkel und Lineal konstruierbar sind.

Nun zurück zu unserem gefalteten Papierstreifen. Zuerst berechnen wir α_1 und betrachten dazu Abb. 8.4. Weil B_0A_1 die Winkelhalbierende von $\sphericalangle A_0B_0B_1$ ist, gilt $|\sphericalangle A_0B_0A_1| = |\sphericalangle A_1B_0B_1| = \frac{180° - \alpha_0}{2}$.

Nun sind aber die Streifenkanten B_0B_1 und A_0A_1 parallel zueinander, weshalb auch $|\sphericalangle A_0A_1B_0| = \frac{180° - \alpha_0}{2}$ ist. Damit ist $B_0A_0A_1$ ein gleichschenkliges Dreieck mit $|A_0A_1| = |A_0B_0|$. Da A_1B_1 die Winkelhalbierende von $\sphericalangle B_0A_1A_2$ ist, ergibt sich

$$\alpha_1 = \frac{180° - \frac{180° - \alpha_0}{2}}{2} = \frac{1 \cdot 180° + \alpha_0}{4}.$$

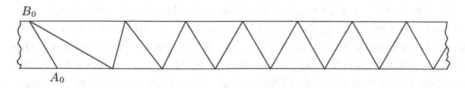

Abb. 8.3 Faltlinien auf Papierstreifen

Abb. 8.4 Winkel der
Faltlinien auf Papier-
streifen

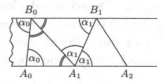

Zur Berechnung von α_2 können wir genauso vorgehen, nur, dass jetzt α_1 die Rolle von α_0 übernimmt. Es gilt damit

$$\alpha_2 = \frac{1 \cdot 180° + \alpha_1}{4} = \frac{1 \cdot 180° + \frac{1 \cdot 180° + \alpha_0}{4}}{4} = \frac{(4+1) \cdot 180° + \alpha_0}{4^2}$$

und weiter

$$\alpha_3 = \frac{1 \cdot 180° + \alpha_2}{4} = \frac{1 \cdot 180° + \frac{(4+1) \cdot 180° + \alpha_0}{4^2}}{4} = \frac{(4^2 + 4^1 + 4^0) \cdot 180° + \alpha_0}{4^3}.$$

Damit wird ersichtlich, dass

$$\alpha_n = \frac{(4^{n-1} + \cdots + 4^2 + 4^1 + 4^0) \cdot 180° + \alpha_0}{4^n}$$

gilt. Weil $4^{n-1} + \cdots + 4^2 + 4^1 + 4^0 = \frac{4^n - 1}{3}$ ist, ergibt sich

$$\alpha_n = \frac{\left(\frac{4^n - 1}{3}\right) \cdot 180° + \alpha_0}{4^n} = \frac{4^n - 1}{3 \cdot 4^n} \cdot 180° + \frac{\alpha_0}{4^n} = \left(\frac{1}{3} - \frac{1}{3 \cdot 4^n}\right) \cdot 180° + \frac{\alpha_0}{4^n}.$$

Für n gegen unendlich konvergiert die Folge der Winkelgrößen α_0, α_1, α_2, α_3, ... gegen $\frac{1}{3} \cdot 180° = 60°$.

Dies ist der Grund dafür, dass uns die Dreiecke auf dem Papierstreifen als regelmäßige erscheinen. Wir können also davon ausgehen, dass, wenn wir die ersten Dreiecke unseres Streifens weglassen, einen Papierstreifen vor uns haben, der in (fast) regelmäßige Dreiecke eingeteilt ist.

Mit einem solchen Streifen können wir größere regelmäßige Dreiecke bzw. regelmäßige Sechsecke erzeugen.

Beginnen wir mit dem regelmäßigen Dreieck. Dazu benötigen wir eine Ecke mit einem Winkel der Größe 60°. Dies erreichen wir, indem wir den Streifen so falten, wie es in Abb. 8.5b zu sehen ist. Anschließend falten wir noch einmal, womit wir eine 60°-Ecke erhalten, wie in Abb. 8.5c zu sehen ist. Setzen wir dieses Umfalten weiter fort (Abb. 8.5d–g), so erhalten wir ein regelmäßiges Dreieck. Abschließend wird das Streifenende noch unter die erste Umschlaglasche geschoben (Abb. 8.5h), damit unser Dreieck perfekt aussieht. Abb. 8.5i zeigt das Dreieck von der Rückseite. In Abhängigkeit von Länge und Breite der gefalteten Papierstreifen können wir verschieden große Dreiecke erzeugen.

Mit einem Streifen aus 14 Dreiecken lässt sich ein kleines regelmäßiges Dreieck falten (siehe folgende Bildstrecke; Abb. 8.6).

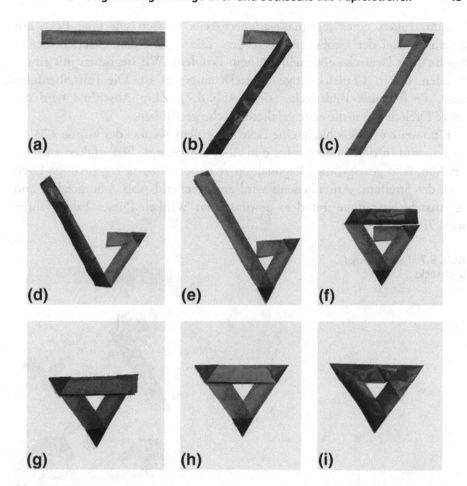

Abb. 8.5 Falten eines Dreiecks

Abb. 8.6 Falten eines Dreiecks

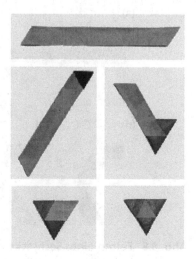

Zum Falten eines regelmäßigen Sechsecks müssen wir eine Ecke mit einem Winkel der Größe 120° erzeugen. Die ist mit dem Streifen, der in regelmäßige Dreiecke eingeteilt ist, kein Problem. Wir beginnen mit einem Streifen, der in 12 gleichseitige Dreiecke eingeteilt ist. Die Faltreihenfolge zeigt die folgende Bildstrecke (siehe Abb. 8.7). Zum Abschluss wird das letzte Dreieck unter die erste gefaltete Lasche geschoben.

Eine weitere Möglichkeit, eine Ecke mit einem Winkel der Größe 120° zu falten, wird in den Bildern a bis c in Abb. 8.8 gezeigt. Dazu falten wir, wie im Abb. 8.8b gezeigt, die Diagonale in zwei benachbarte regelmäßige Dreiecke des Streifens. Anschließend wird entsprechend Abb. 8.8c gefaltet und es entsteht eine Ecke mit dem gewünschten Winkel. Dieses Faltverfahren wird *Twisten* genannt.

Abb. 8.7 Falten eines Sechsecks

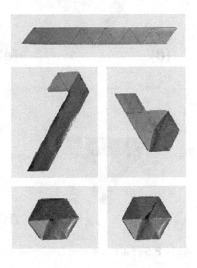

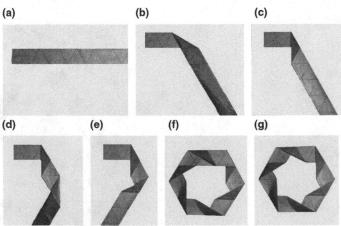

Abb. 8.8 Falten eines Sechsecks

Setzen wir dieses Verfahren weiter fort, so erhalten wir ein regelmäßiges Sechseck, das in Abb. 8.8f gezeigt ist. Abschließend schieben wir noch das letzte Dreieck unter die erste gefaltete Lasche. Auch in der unteren Lage wird der Streifenanfang noch so gefaltet, dass er unter der oberen Lage verschwindet.

Der in Abb. 8.8 verwendete Streifen ist in 27 regelmäßige Dreiecke eingeteilt. Wenn das Sechseck eine größere Seitenlänge haben soll, so benötigt man bei gleicher Breite entsprechend längere Streifen.

Abschließend stellen wir noch ein bewegliches regelmäßiges Sechseck, ein Hexaflexagon, her. Dazu benötigen wir einen Streifen, der in zehn gleichseitige Dreiecke eingeteilt ist. Wichtig ist, dass wir alle Faltlinien in beide Richtungen, als Berg- und Talfalten, falten, damit das Hexaflexagon später auch gut beweglich ist. Die Faltfolge ist in Abb. 8.9 zu sehen. Zum Abschluss wird das letzte Dreieck mit dem ersten Dreieck zusammengeklebt.

Fertigen wir das Hexaflexagon aus weißen Papierstreifen an, so können wir auf der einen Seite jedes zweite Dreieck mit einer Farbe anmalen und auf der anderen Seite die bisher nicht angemalten Dreiecke mit einer anderen Farbe anmalen (siehe Titelbild). So kommt der Effekt des Hexaflexagons besonders gut zum Vorschein. In den beiden oberen Bildern auf der Titelseite liegt das zusammengeklebte Dreieck jeweils oben.

Abb. 8.9 Falten eines Hexaflexagons

Nun nehmen wir das Hexaflexagon so in die Hand, wie es im Bild links unten auf der Titelseite zu sehen ist: Zwischen Daumen und Zeigefinger der rechten Hand liegen eine weiße und eine rote Dreiecksfläche (weiß links von rot), der Mittelfinger drückt leicht von unten gegen die Kante dieser beiden Dreiecke. Dabei wird diese Kante zu einer Bergfalte, während die anderen beiden Kanten, links vom Daumen bzw. rechts vom Zeigefinger, zu Talfalten werden. Mit Daumen und Zeigefinger der linken Hand wird die gegenüberliegende Ecke nach unten gedrückt, während die beiden Dreiecke in der rechten Hand zusammengefaltet werden. Dabei wird natürlich der Mittelfinger zwischen den Dreiecken herausgenommen. Nun kann man mit der linken Hand die oben entstandene Spitze öffnen (Bild rechts unten auf der Titelseite) und die Figur zu einem neuen Sechseck entfalten. Jetzt sieht die Farbmarkierung des Sechsecks anders aus. Dieser Vorgang kann natürlich mehrfach wiederholt werden.

Mehr über das Hexaflexagon können wir in „Hexaflexagons, Probability Paradoxes, and the Tower of Hanoi" [4] erfahren. Es wurde 1939 von Arthur H. Stone erfunden, der damals als 23-jähriger englischer Student an der Princeton Universität in den USA mit Papierstreifen experimentierte und auf dieses Objekt stieß.

QR-CODE: MATHEGAMI

QR-CODE: FALT-VIDEO 1

Literatur

1. Hilton, P., & Pedersen, J. (1985). Folding regular star polygons and number theory. *The Mathematical Intelligencer, 7*(1), 15–26.
2. Hilton, P., & Pedersen, J. (1993). Geometry: A gateway to understanding. *The College Mathematics Journal, 24*(4), 298–317.
3. Hilton, P., Pedersen, J., & Walser, H. (2003). *Die Kunst der Mathematik – von der handgreiflichen Geometrie zur Zahlentheorie. Akademiebericht 383.* Dillingen: Akademie für Lehrerfortbildung und Personalführung.
4. Gardner, M. (2008). *Hexaflexagons, probability paradoxes, and the Tower of Hanoi.* Cambridge: Cambridge University Press.

9

Jenseits der Abzählbarkeit

Kinga Szücs

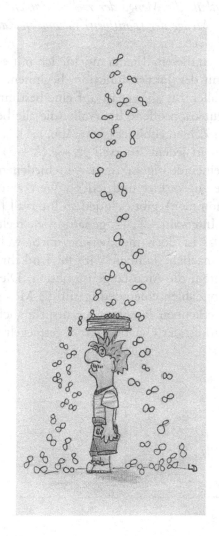

K. Szücs (✉)
FSU Jena, Jena, Deutschland
E-Mail: kinga.szuecs@uni-jena.de

© Springer Fachmedien Wiesbaden GmbH 2017
M. Müller (Hrsg.), *Überraschende Mathematische Kurzgeschichten*,
DOI 10.1007/978-3-658-13895-0_9

Liebe Leser, Ihr könnt euch bestimmt noch erinnern, dass wir uns in Heft 12/2012 mit unendlichen Mengen beschäftigt haben: Wir haben durch geschickte Zuordnungen gezeigt, dass die Menge der natürlichen Zahlen, die Menge der geraden Zahlen, die Menge der ungeraden Zahlen und die Menge der positiven rationalen Zahlen alle abzählbar unendlich sind. Ich habe damals versprochen, darauf zurückzukommen, dass es auch andere unendliche Mengen gibt. Beispielsweise enthält die Menge der reellen Zahlen auf eine gewisse Art mehr Elemente als die Menge der (positiven) rationalen Zahlen. Damit wollen wir uns heute beschäftigen.

Die Überlegungen zu diesem Thema möchte ich mit einer merkwürdigen Funktion, nämlich mit der Tangensfunktion, beginnen. Ich weiß nicht, ob es euch schon aufgefallen ist, aber es ist auf eine bestimmte Art und Weise komisch, dass eine Funktion offene Intervalle (die alle beschränkt sind) auf die Menge der reellen Zahlen abbildet (siehe Abb. 9.1).

Da diese Funktion in jedem Intervall $]k \cdot \frac{\pi}{2}; (k+2) \cdot \frac{\pi}{2}[$ mit ganzzahligem ungeraden k eineindeutig ist (d. h. verschiedenen x-Werten werden verschiedene y-Werte zugeordnet und jeder y-Wert wird genau einmal als Funktionswert angenommen), gibt es in jedem Intervall $]k \cdot \frac{\pi}{2}; (k+2) \cdot \frac{\pi}{2}[$, also zum Beispiel im Intervall $]-\frac{\pi}{2}; \frac{\pi}{2}[$, genauso viele reelle Zahlen wie reelle Zahlen insgesamt! Das ist doch merkwürdig, nicht wahr? Um das Ganze noch deutlicher zu machen, können wir die Umkehrfunktion der Tangensfunktion betrachten, die Arcustangensfunktion. Diese Funktion bildet die Menge der reellen Zahlen eineindeutig auf die Menge $]-\frac{\pi}{2}; \frac{\pi}{2}[$ ab, wie du in der Abb. 9.2 erkennen kannst. Der ursprüngliche Funktionsgraph für $x \in]-\frac{\pi}{2}; \frac{\pi}{2}[$, wird an der Geraden $y = x$ gespiegelt, auf den Rest wird verzichtet.

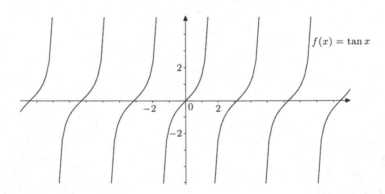

Abb. 9.1 Graph der Tangensfunktion

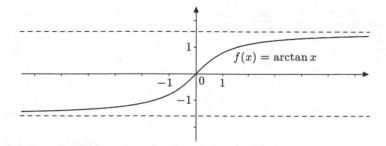

Abb. 9.2 Graph der Arcustangensfunktion

Kannst du begründen, warum diese Einschränkung unbedingt notwendig ist?
Ich betone noch einmal: Diese Funktion stellt eine eineindeutige Zuordnung zwischen der Menge $]-\frac{\pi}{2};\frac{\pi}{2}[$ und der Menge der reellen Zahlen $\mathbb{R}$ dar und macht dadurch klar, dass es genauso viele reelle Zahlen zwischen $-\frac{\pi}{2}$ und $\frac{\pi}{2}$ gibt wie reelle Zahlen insgesamt. Von da ist es nur ein kleiner Schritt zu zeigen, dass es genauso viele reelle Zahlen gibt wie Zahlen im Intervall $]0;1[$.

Hast du eine Idee, wie man es zeigen könnte? (Mein Tipp: Führe verschiedene Transformationen auf der Arcustangensfunktion durch!)

Nun werden wir zeigen, dass schon dieses Intervall, also $]0;1[$, nicht mehr abzählbar ist; dass es also mehr reelle Zahlen gibt als rationale Zahlen. Dabei gehen wir indirekt vor: Wir nehmen an, $]0;1[$ sei abzählbar[1]. Dann ist auch jede unendliche Teilmenge von $]0;1[$ abzählbar, beispielsweise die der Zahlen, deren Dezimaldarstellung nur aus den Ziffern 3 und 7 besteht.

Kannst du begründen, warum wir mit Darstellungen, in denen 0 und 9 vorkommen können, in Schwierigkeiten geraten können?

Nehmen wir an, diese Zahlen sind abzählbar viele, und wir listen sie in irgendeiner Reihenfolge in einer unendlichen Tabelle auf (Tab. 9.1).

Dann kann diese Tabelle nicht alle solchen Zahlen beinhalten. Um das zu zeigen, suchen wir eine Zahl, die sich von jeder Zahl in der Tabelle an mindestens einer Stelle unterscheidet. Wir betrachten dazu nun die Zahl, deren Ganzteil 0 beträgt und deren Dezimalstellen, der Reihe nach nach folgendem Prinzip bestimmt werden: Die erste Zahl hat an der ersten Dezimalstelle die Ziffer 3, deswegen nehmen wir die 7. Die zweite Zahl hat an

---

[1]Was das bedeutet, kennen wir bereits aus einem früheren Artikel zum „Hilbert und das unendliche Hotel": Wir müssten diese Zahlen „auflisten" können, also eine eineindeutige Zuordnung zwischen den natürlichen Zahlen $\mathbb{N}$ und den Zahlen in $]0;1[$ finden.

Tab. 9.1 2. Cantorsches
Diagonalverfahren

Dezimalstelle	1	2	3	4	⋯
0,	3	3	3	3	⋯
0,	3	3	7	3	⋯
0,	3	7	7	7	⋯
0,	7	7	3	3	⋯
⋮	⋮	⋮	⋮	⋮	⋱

[Versuch der Auflistung aller Dezimalzahlen mit den Ziffern 3 und 7]

der zweiten Dezimalstelle die Ziffer 3, deswegen nehmen wir auch an dieser Stelle die 7, usw. Wir gehen also die (abzählbar unendliche) Tabelle durch und entlang der Diagonale von links oben nach rechts unten verändern wir die Dezimalzahlen. Aus diesen Dezimalzahlen entsteht eine reelle Zahl, die zu unserer ursprünglichen Menge gehört, sie sollte aus diesem Grund auch in der Tabelle enthalten sein. Da sie mit der ersten Zahl in der ersten Ziffer nicht übereinstimmt, ist sie aber ungleich der ersten Zahl. Mit der zweiten Zahl kann sie auch nicht identisch sein, da ihre zweiten Ziffern nicht übereinstimmen, usw. Von der Zahl in der n-ten Zeile unterscheidet sie sich an der n-ten Dezimalstelle. Wir haben also eine Zahl gefunden, die nicht in der Liste vorkommt, obwohl sie dort vorkommen müsste. Wir kommen dadurch zum Widerspruch mit unserer Behauptung, die Menge der reellen Zahlen zwischen 0 und 1 mit den Dezimalziffern 3 und 7 sei abzählbar. Somit ist die Behauptung widerlegt, die genannte Menge ist nicht abzählbar.

Es folgt, dass die Menge der reellen Zahlen im Intervall]0;1[und damit auch die der reellen Zahlen ℝ überabzählbar ist. Das Verfahren stammt übrigens ebenfalls von Cantor und wurde nach ihm das 2. Cantorsche Diagonalverfahren genannt.

In Zusammenhang damit steht eine der spannendsten Geschichten der Mathematikhistorie: Die Entdeckung dieses Unterschiedes bei unendlichen Mengen hat auch Cantor etwas zu denken gegeben. Er hat angenommen, dass es noch viele weitere Arten von Unendlichkeiten gibt. Die Mächtigkeit auf der ersten Stufe der Unendlichkeit, das sind die abzählbar unendlichen Mengen, hat er mit $\aleph_0$ (Aleph – aus dem hebräischen Alphabet) bezeichnet. Die nächste Stufe soll die Mächtigkeit $\aleph_1$ haben, die übernächste die Mächtigkeit $\aleph_2$ usw. Dabei ist er auf die Frage gestoßen, ob die Menge der reellen Zahlen (die er Kontinuum genannt hat) bereits auf der nächsten Stufe ist, oder gar höher? Ist also $|\mathbb{R}| = \aleph_1$? Oder gibt es vielleicht noch Mengen mit einer Mächtigkeit, die zwischen $\aleph_0$ und der Mächtigkeit der reellen Zahlen liegt? Cantor hat angenommen, konnte aber nicht beweisen, dass $|\mathbb{R}| = \aleph_1$ ist, diese Vermutung heißt seitdem Kontinuumshypothese. Der Bedeutung dieser Hypothese für die Mathematik war sich David Hilbert bewusst und setzte sie am Anfang des 20. Jahrhunderts auf Platz 1 seiner Liste der 23 ungelösten mathematischen Probleme. Die Kontinuumshypothese gewann weiterhin an Popularität, da man später zeigen konnte, dass beide Varianten denkbar und mit unseren Axiomen[2] vereinbar sind ($|\mathbb{R}| = \aleph_1$ oder $|\mathbb{R}| > \aleph_1$), und das ist jetzt wirklich verblüffend.

Es sei erneut auf die Literaturempfehlungen „Das Hotel Hilbert" [1] und „Cantor fragt: unendlich = unendlich?" [2] hingewiesen.

Literatur

1. Casiro, F. (2005). Das Hotel Hilbert. *Spektrum der Wissenschaft Spezial Unendlich (plus 1), 5*(2), 76–79.
2. Richter, K. (2002). Cantor fragt: unendlich = unendlich? *Mathematik lehren, 112*, 9–13.

---

[2]Axiome sind die Grundsätze einer Theorie, welche sich nicht aus anderen Aussagen ableiten lassen.

10

Aus Drei mach Vier – Vom Dreieck zum Tetraeder

Matthias Müller

M. Müller (✉)
Abteilung für Didaktik der Mathematik und Informatik,
FSU Jena, Jena, Deutschland
E-Mail: matthias.mueller.2@uni-jena.de

Woher kommt eigentlich der Name „Tetra-Pak" Es ist eine beliebte Verpackungsform für Getränke wie Milch, Saft oder Wein. Aber was haben diese Flüssigkeiten mit dem griechischen Wort téttares (vier) zu tun?

Mit dem zweiten Teil des Namens ist es sicherlich einfach, Pak ist eine Abkürzung und erinnert an Packung bzw. Verpackung. Doch wie verhält es sich mit dem ersten Teil des Wortes Tetra-Pak. Wie schon erwähnt, kommt die Vorsilbe Tetra aus dem Griechischen und steht für die Zahl Vier. Die Verbindung zu der Verpackungsform rührt daher, dass das erste Tetra-Pak nur vier Flächen hatte. Am 18. Mai 1951 kam die revolutionäre Verpackung auf den Markt und hatte die Form eines Tetraeders. Die Erfinder nannten sie, in Anlehnung an den geometrischen Körper, Tetra-Pak.

Der Name Tetraeder liegt darin begründet, dass das Tetraeder der einzige eben begrenzte Körper mit nur vier Flächen ist. Neben dieser hat das allgemeine Tetraeder noch viele weitere interessante Eigenschaften. So gibt es einige Gesetzmäßigkeiten des allgemeinen Dreiecks, die in angepasster Form auch für das allgemeine Tetraeder formuliert werden können. Ein Beispiel dafür ist der Satz von Bang aus dem Jahr 1897. An dieser Stelle sei wärmstens auf das Buch „Mathematische Juwelen" [1] verwiesen, indem sich der Satz finden lässt:

Einem gegebenen Tetraeder sei eine Kugel einbeschrieben. Zieht man dann vom Berührungspunkt dieser eingeschriebenen Kugel mit einer Seitenfläche Geraden zu den entsprechenden Ecken, so sind die drei sich im Berührungspunkt bildenden Winkel für jede Seitenfläche dieselben.

Den Beweis kann man sich am besten mit einem Modell herleiten. Gegeben sei daher das allgemeine Tetraeder ABCD. Wir klappen das Tetraeder in eine Ebene und bezeichnen zwei der Berührungspunkte zweier Seiten mit der Inkugel mit X und Y (siehe Abb. 10.1). Weil die Tangentenabschnitte, die von einem festen Punkt an eine Kugel gelegt werden, gleich lang sind, gilt $|\overline{BX}| = |\overline{BY}|$ und $|\overline{CX}| = |\overline{CY}|$.

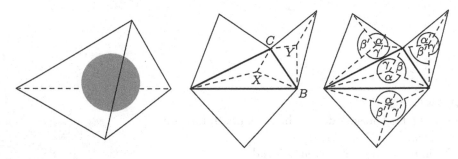

Abb. 10.1 Satz von Bang

Darüber hinaus haben die Dreiecke BCX und BYC die Seite $\overline{BC}$ gemeinsam, damit sind sie kongruent zueinander. Daraus folgt, dass die der Seite $\overline{BC}$ gegenüberliegenden Winkel $\triangleleft$BXC und $\triangleleft$CYB gleich sind. Analoge Überlegungen für die übrigen Kanten des Tetraeders ABCD führen zu vier Winkeltrippeln, die zusammen jeweils 360° ergeben. Die Bezeichnungen α, β, γ, α', β', γ' finden sich in der Abb. 10.1 wieder. In den Berührungspunkten gilt

$$360° = \alpha + \beta + \gamma = \alpha + \beta' + \gamma' = \alpha' + \beta + \gamma' = \alpha' + \beta' + \gamma$$

Somit folgt $\alpha = \alpha', \beta = \beta'$ und $\gamma = \gamma'$, woraus sich unmittelbar der Satz von Bang ergibt.

Kannst du erkennen, wie man die angesprochene Inkugel in einem allgemeinen Tetraeder konstruieren könnte? (Ein Tipp: Es verhält sich ganz ähnlich mit dem Inkreis im allgemeinen Dreieck.)

Neben dieser Analogie zwischen allgemeinen Dreiecken und Tetraedern gibt es noch eine weitere verblüffende Verbindung. Für die folgende Argumentation kannst du ruhig etwas Bastelpapier verwenden und es einfach mal ausprobieren.

Zunächst wählen wir ein beliebiges spitzwinkliges Dreieck. (Ein spitzwinkliges Dreieck zeichnet sich dadurch aus, dass jeder Winkel kleiner als 90° ist.) Dieses Dreieck vervielfältigen wir, bis wir vier kongruente (deckungsgleiche) Dreiecke haben. Nun versuchen wir, diese vier Dreiecke zu einem Tetraeder zusammen zu setzen. (Beim Ausschneiden sollte man daher an mindestens einer Seite jedes Dreieckes eine Klebefalz belassen.)

Ist es dir gelungen ein Tetraeder zu formen, ohne die Dreiecke verändern zu müssen?

Dies ist auch im Allgemeinen möglich. Mathematischer ausgedrückt: Vier kongruente spitzwinklige Dreiecke können immer zu einem Tetraeder zusammengesetzt werden.

Um diesen Satz zu beweisen, legen wir die vier kongruenten Dreiecke einfach in einer Ebene aneinander (siehe Abb. 10.2).

An dem inneren Dreieck wird an jeder Seite ein Dreieck mit der passenden Seite angelegt. Es ist zu prüfen, ob die jeweiligen Seiten, die zusammen jeweils eine Kante des Tetraeders bilden, übereinstimmen. Das ist in der Tat der Fall (siehe Abb. 10.2) und es entsteht ein Flächennetz.

Damit das Flächennetz im dreidimensionalen Raum zu einem Tetraeder zusammengefügt werden kann, muss gewährleistet sein, dass die Winkelsumme in jeder Ecke des Tetraeders kleiner oder gleich 180° ist. In unserem Fall ist die Summe aller Winkel in jeder Ecke sogar genau 180°.

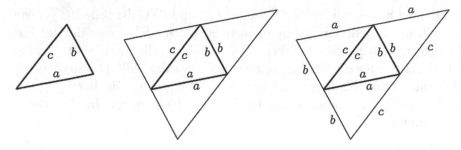

Abb. 10.2 Flächennetz Tetraeder

Zwei Dinge fallen nun unmittelbar ins Auge: Zum einem bilden die vier kongruenten Dreiecke wieder ein großes zu den kleinen ähnliches Dreieck, zum anderen sind die gegenüberliegenden Seiten in dem entsprechenden Tetraeder gleich lang. (Es handelt sich daher um einen sogenanntes gleichschenkliges Tetraeder.)

An dieser Stelle kann man sich überlegen, warum bei einem gleichschenkligen Tetraeder die Winkelsumme in jeder Ecke genau 180° sein muss. Darüber kannst du ja mal nachdenken.

Die vorangegangene Überlegung führt uns aber auch unmittelbar zu der nächsten Aussage: Jedes spitzwinklige Dreieck stellt ein Flächennetz eines gleichschenkligen Tetraeders dar.

Man muss nur die Seitenmittelpunkte konstruieren und zu einem Dreieck verbinden. Das ist auch eine kleine Bastelaufgabe, die du schnell durchführen kannst. Der Beweis dazu ergibt sich direkt aus der obigen Argumentation.

Wenn von einem Tetraeder gesprochen wird, meint man oft nicht das allgemeine Tetraeder oder das gleichschenklige Tetraeder, sondern man meint eigentlich damit das regelmäßige Tetraeder. Dieses zeichnet sich dadurch aus, dass es aus vier gleichseitigen Dreiecken besteht. Genau deshalb zählt das regelmäßige Tetraeder auch zu den Platonischen Körpern. Diese Körper besitzen ebenfalls eine Vielzahl an spannenden Eigenschaften, aber damit werden wir uns ein andermal auseinandersetzen.

Knobelei

Gegeben ist ein allgemeines Dreieck, welches beliebig oft vervielfältigt werden kann. Ist es möglich, die Dreiecke so zusammen zu legen, das damit die gesamte Ebene abgedeckt wird, ohne dass eine Lücke übrig bleibt? Oder anders gefragt: Kann die Ebene mit kongruenten Dreiecken parkettiert werden?

Literatur

1.   Honsberger, R. (1982). *Mathematische Juwelen*. Berlin: Vieweg + Teubner.

11

Die Würfel sind gefallen, Davy Jones

Matthias Müller und Tim Fritzsche

M. Müller (✉)
Abteilung für Didaktik der Mathematik und Informatik,
FSU Jena, Jena, Deutschland
E-Mail: matthias.mueller.2@uni-jena.de

T. Fritzsche
Wurzel e.V., FSU Jena, Jena, Deutschland
E-Mail: tif@wurzel.org

© Springer Fachmedien Wiesbaden GmbH 2017
M. Müller (Hrsg.), *Überraschende Mathematische Kurzgeschichten*,
DOI 10.1007/978-3-658-13895-0_11

Wer kennt ihn nicht, den wohl bekanntesten Piraten unserer Zeit: Captain Jack Sparrow. Dank Walt Disney konnte Johnny Depp den Piratenkapitän ohne Schiff schon in vier Abenteuern verkörpern. Die Filmreihe „Fluch der Karibik" zeichnet sich unter anderem dadurch aus, dass viele verschiedene Geschichten und Mythen über Freibeuter in den Filmen verarbeitet wurden. So treffen Jack Sparrow und seine Kameraden im zweiten Teil der Reihe auf einen ziemlich beeindruckenden Gegner: Davy Jones als Captain der Flying Dutchman (Fliegender Holländer ☺).

Jacks Gefährte Will Turner mogelt sich unter die Mannschaft der Flying Dutchman. In einer Schlüsselszene treffen Will, sein Vater und Davy Jones aufeinander. Um an Informationen zu gelangen, lässt sich Will auf ein verwegenes Spiel ein. Wenn ihr die Gelegenheit habt, müsst ihr euch den Film und im Besonderen diese Szene noch mal anschauen.

Das Spannende an der Szene ist zum einen das Würfelspiel, das schnell erklärt ist, und zum anderen die Spielstrategie von Davy Jones. Um diese Strategie zu ergründen, müssen wir uns eingehender mit dem Spiel Dice Poker (Würfel-Poker), so lautet der Name, beschäftigen:

In der angesprochenen Szene tritt Will Turner gegen seinen Vater und Davy Jones in dem Würfelspiel an. Dabei würfeln die drei Spieler gleichzeitig mit jeweils 5 Würfeln, deren Augen sie sich verdeckt anschauen können. Jeder der Spieler sieht nur die Augenzahlen seiner eigenen 5 Würfel. Reihum müssen nun höhere Pasche angesagt werden, wobei alle 15 Würfel zählen. Wenn ein Spieler der Meinung ist, dass der Vorgänger gelogen hat, kann er aufdecken lassen. Hat der Vorgänger mit seiner Ansage tatsächlich Unrecht, so verliert er das Spiel, ansonsten verliert der Spieler, der die Aussage des Vorgängers angezweifelt hat.

In der Filmszene haben sich die beiden Kontrahenten die Fünfen zum Bieten herausgesucht. Davy Jones hat gesehen, dass er 4 Fünfen hat und er sagt nun 7 Fünfen an.

Wenn man wissen will, was Davy Jones für ein Spielertyp ist und welche Strategie er verfolgt, muss man sich überlegen, wie hoch die Wahrscheinlichkeit ist, dass er mit seiner Aussage richtig liegt. Unter seinen Würfeln hat er mit Sicherheit schon 4 Fünfen. Er benötigt also noch 3 Fünfen unter den 10 Würfeln, die er nicht sehen kann. Die Frage lautet also, wie hoch die Wahrscheinlichkeit dafür ist, dass genau 3 von 10 Würfeln die Augenzahl Fünf zeigen?

Die Wahrscheinlichkeit dafür, dass ein Würfel eine Fünf zeigt, ist $\frac{1}{6}$, dass er keine Fünf zeigt, ist $\frac{5}{6}$. Da genau 3 von 10 Würfeln eine Fünf zeigen sollen, müssen diese Wahrscheinlichkeiten wie folgt multipliziert werden:

$$\frac{1}{6} \cdot \frac{1}{6} \cdot \frac{1}{6} \cdot \frac{5}{6} \cdot \frac{5}{6} \cdot \frac{5}{6} \cdot \frac{5}{6} \cdot \frac{5}{6} \cdot \frac{5}{6} \cdot \frac{5}{6} = \left(\frac{1}{6}\right)^3 \cdot \left(\frac{5}{6}\right)^7.$$

Da die Reihenfolge der Würfel nicht von Interesse ist, gibt es mehrere Möglichkeiten, für die die berechnete Wahrscheinlichkeit zutrifft. Wir müssen uns also überlegen, wie viele Möglichkeiten es gibt, 3 Fünfen unter 10 Würfeln anzuordnen.

Für die erste Fünf hat man 10 Möglichkeiten, für die zweite Fünf 9 und für die dritte Fünf bleiben 8 Möglichkeiten. Bei diesen $10 \cdot 9 \cdot 8 = 720$ Möglichkeiten unterscheidet man aber immer noch in drei verschiedene Fünfen. Da das ja egal ist, muss die Anzahl noch durch die Zahl der möglichen Anordnungen der drei Fünfen dividiert werden: $\frac{720}{3 \cdot 2 \cdot 1} = 240$.

Da diese Art der Berechnung immer wieder von Interesse sein kann, gibt es in der Mathematik ein Symbol, dass diese Berechnung beschreibt, der sogenannte Binominialkoeffizient:

$$\frac{10 \cdot 9 \cdot 8}{3 \cdot 2 \cdot 1} = \binom{10}{3}.$$

Damit haben wir nun alle Überlegungen getroffen, um die Wahrscheinlichkeit von genau 3 Fünfen unter 10 Würfeln zu berechnen. Sie beträgt

$$\binom{10}{3} \cdot \left(\frac{1}{6}\right)^3 \cdot \left(\frac{5}{6}\right)^7 \approx 0{,}155045.$$

Die vorgestellten Überlegungen sind zentral in der Wahrscheinlichkeitsrechnung und führen zu der sogenannten Binomialverteilung. Die Binomialverteilung eignet sich nicht nur, um die Wahrscheinlichkeiten bei Würfelspielen zu beschreiben, sie kann zur Beschreibung von mehrstufigen Zufallsexperimenten mit zwei Ausgängen und gleichbleibenden Wahrscheinlichkeiten herangezogen werden.

Die zugehörigen Berechnungen sind nur mühsam per Hand durchzuführen. Da das nicht das primäre Ziel ist, können an dieser Stelle Taschenrechner oder Computerprogramme verwendet werden.

Doch kommen wir zu unserem Spiel zurück. Davy Jones hat also eine Wahrscheinlichkeit von 16 % mit seiner Aussage richtig zu liegen. Das ist nicht sehr viel. Wenn man sich die Regeln des Spiels genauer anschaut, bemerkt man, dass Davy Jones auch richtig liegt, wenn mehr als die von ihm angesagten Fünfen auf dem Tisch liegen.

Das bedeutet, dass er mit seiner Aussage richtig liegt, wenn es mindestens 3 Fünfen unter den 10 Würfeln gibt. Wie hoch ist nun diese Wahrscheinlichkeit? Na ja, da helfen uns unsere vorangegangenen Überlegungen. Für den Fall von 3 Fünfen haben wir die Wahrscheinlichkeit schon berechnet. Diese

Berechnung können wir einfach genauso für 4 Fünfen, 5 Fünfen, 6 Fünfen usw. bis 10 Fünfen wiederholen. Zum Schluss werden alle Zwischenergebnisse aufaddiert und wir erhalten die Wahrscheinlichkeit dafür, dass mindestens 3 Fünfen unter den 10 Würfeln zu finden sind. Das Aufaddieren von mehreren Termen kann man mathematisch sehr elegant durch das Summenzeichen ausdrücken. Unter der Verwendung der schon bekannten Schreibweisen ergibt sich für die Wahrscheinlichkeit, dass es mehr als 3 Fünfen gibt:

$$\sum_{i=3}^{10} \binom{10}{i} \cdot \left(\frac{1}{6}\right)^i \cdot \left(\frac{5}{6}\right)^{i-1} \approx 0{,}224773.$$

In diesem Fall verwendet man die sogenannte aufsummierte Binomialverteilung. Das Summenzeichen ist einfach eine kurze Schreibform, da man ja sonst 7 Summanden aufschreiben müsste. Das Symbol stellt den Großbuchstaben eines griechischen S dar, was für Summe stehen soll.

Spätestens jetzt greift man lieber zu einem Taschenrechner oder Computer, der so einen Term ausrechnen kann.

Interessanterweise ergibt sich für die Wahrscheinlichkeit 22 %. Das ist auch nicht wirklich viel. **Was meinst du, was Davy Jones für ein Spielertyp ist? Würdest du in einem Spiel auf eine Chance von 22 % setzen?**

Dass die Wahrscheinlichkeit, dass Davy Jones richtig liegt, nur 22 % beträgt, bedeutet jedoch nicht, dass die Wahrscheinlichkeit, dass er nicht verliert, auch bei 22 % liegt. Die Frage ist nämlich, wie Will Turner, der jetzt an der Reihe ist, reagiert. Dazu versetzen wir uns in Will Turners Lage. Bevor wir die möglichen Fälle einzeln diskutieren, geben wir noch die Wahrscheinlichkeiten P_k dafür an, dass ein einzelner Spieler mindestens k Fünfen auf der Hand hat (Tab. 11.1):

Tab. 11.1 Wahrscheinlichkeiten P_k (Binomialverteilung) für 5 Würfel mit mindestens k Fünfen

k	P_k
0	1
1	0,598122
2	0,196245
3	0,035494
4	0,003344
5	0,000129

(Die Berechnung der Wahrscheinlichkeiten erfolgt analog zum obigen Vorgehen. Es handelt sich um die aufsummierte Binomialverteilung mit der Anzahl $n = 5$ und mindestens k Treffern.)

Hat Will Turner mindestens zwei Fünfen, was mit einer Wahrscheinlichkeit von ca. 20 % der Fall ist, wird er die Aussage 7 Fünfen nie und nimmer anzweifeln. Falls Davy Jones dann noch ein Gebot von Will Turners Vater erhalten sollte, lautet dies 9 (oder mehr) Fünfen. Dieses würde Davy Jones anzweifeln und die Wahrscheinlichkeit dafür, dass er es erhält und dass die Behauptung stimmt, liegt bei ca. 5 % (die Rechnung hierfür ist etwas kompliziert). In 95 % der 20 % der Fälle, dass Will Turner mindestens zwei Fünfen hat, ist Davy Jones also erfolgreich.

Hat Will Turner keine Fünf, was mit einer Wahrscheinlichkeit von $1 - 0{,}598122\ldots \approx 40\,\%$ zutrifft, zweifelt er die Aussage vermutlich an. Die Wahrscheinlichkeit dafür, dass Davy Jones Recht hat, ist dann ungefähr 3 %. Hier ist Davy Jones also in 3 % von 40 % der Fälle erfolgreich.

Hat Will Turner genau eine Fünf (ca. 40 % der Fälle), wird es interessant. Mit der Aussage 7 Fünfen will Davy Jones nämlich suggerieren, dass er 5 Fünfen hat. Hat Will Turner eine weitere Fünf, würde er dann damit rechnen, dass bereits eine Fünf bei seinem Vater reicht, damit die Aussage stimmt. Die Wahrscheinlichkeit dafür, dass sein Vater mindestens eine Fünf hat, liegt bei 60 %. Für Will Turner erscheint es nun sinnvoller, 8 Fünfen zu sagen. Die Wahrscheinlichkeit dafür, dass mindestens neun Fünfen im Spiel sind, liegt jetzt aber bei unter 1 %. Wir können also davon ausgehen, dass Davy Jones hier in mind. 99 % der Fälle erfolgreich ist.

Insgesamt beträgt die Erfolgswahrscheinlichkeit für Davy Jones also ca.

$$0{,}95 \cdot 0{,}2 + 0{,}03 \cdot 0{,}4 + 0{,}99 \cdot 0{,}4 \approx 60\%.$$

Abhängig davon, was Will Turner für ein Spielertyp ist, kann sie auch noch etwas nach unten gehen, je nachdem, wie wahrscheinlich es ist, dass er bei einer Fünf die Aussage 7 Fünfen doch anzweifelt.

Dieselbe Rechnung könnten wir jetzt für die Ansage 6 Fünfen machen. Wir müssten jetzt danach unterscheiden, ob Will Turner bei Davy Jones drei, vier oder fünf Fünfen vermutet. Der Punkt ist, dass, wenn Davy Jones noch einmal an die Reihe kommt, die Ansage von Will Turners Vater 8 Fünfen lauten wird. Nimmt man an, dass Will Turner bei der Ansage 6 Fünfen bei Davy Jones die tatsächlichen vier Fünfen vermutet, beträgt die Erfolgswahrscheinlichkeit von Davy Jones, wenn er 8 Fünfen auf jeden Fall anzweifelt, nur ca. 50 %. Mit der Ansage 7 Fünfen erhofft sich Davy Jones also, die Wahrscheinlichkeit dafür, dass er das Spiel nicht verliert, im Vergleich zur Ansage 6 Fünfen zu erhöhen.

Damit Davy Jones seine Erfolgswahrscheinlichkeit tatsächlich erhöht, muss Will Turner glauben, dass Davy Jones 5 Fünfen hat. Das ist das Ziel seiner Ansage: Er baut einem enormen Druck auf seinen Gegner auf. Hätte er eine Fünf weniger angesagt, hätte er Will Turner die Information gegeben, dass er einige Fünfen hat und ihm eine realistische Chance eingeräumt, einfach zu erhöhen. Dann hätte aber auch Will Turners Vater noch eine vermutlich korrekte Ansage machen können und nun wäre Davy Jones eventuell unter deutlich schlechteren Voraussetzungen an der Reihe, weil Will Turner von weniger als 5 Fünfen bei Davy Jones ausgeht.

Wenn man ein starkes Blatt hat, sollte man es vermeiden, sich auskontern zu lassen. Es ist daher besser höher anzusagen, um Druck aufzubauen und die eigene Hand zu schützen. Das ist eine klassische Spielstrategie, die Poker-Spieler überall auf der Welt beherzigen. Man kann natürlich überlegen, wann man welchen Spielzug machen sollte, also wann man mit den Augenzahlen spielt, die man hat, oder wann man bewusst mit Zahlen spielt, die man nicht hat, um seine Hand zu verschleiern. Der psychologische Aspekt beim Poker ist natürlich groß.

Im Film setzt Davy Jones Will Turner mit diesem Spielzug ganz schön unter Druck. Wenn du wissen willst, ob er damit Erfolg hatte, musst du noch mal den Film „Fluch der Karibik 2" anschauen.

Du kannst das Spiel auch selber mit Freunden ausprobieren, es gibt dabei noch mehr gute Spielstrategien zu entdecken. Eine unterhaltsame Variante ist das Gesellschaftsspiel BLUFF. Da sind die Sechsen Joker und können zu jeder Augenzahl gezählt werden. **Du kannst dir ja mal überlegen, wie sich dadurch die Wahrscheinlichkeiten ändern.**

Knobelei

Ein Pirat will seinen Schatz an vielen unterschiedlichen Orten verstecken. Er besitzt Golddukaten, Silberdukaten, Perlen und Diamanten. In ein Ledersäckchen will er immer vier Wertsachen stecken. **Wie viele Möglichkeiten hat er, ein solches Säckchen zusammenzustellen?**

12

Robin Hood und die Steuer bei Matrixspielen

Marlis Bärthel

M. Bärthel (✉)
FSU Jena, Jena, Deutschland
E-Mail: marlis.baerthel@uni-jena.de

Als Robin-Hood-Steuer wird sie gern bezeichnet, die in der Politik viel diskutierte Finanz-Transaktions-Steuer. Denn:

„Es ist das Robin-Hood-Prinzip: Nur eine klitzekleine Finanz-Trans"-aktions-Steuer für die Reichen, und schon kämen sie zusammen, die Milliarden für Armutsbekämpfung und Klimaschutz. Eigentlich ganz einfach, finden die Demonstranten vor dem Brandenburger Tor. Ein paar hundert Meter weiter, in Wolfgang Schäubles Finanz-Ministerium, hört sich das schon ein bisschen komplizierter an. (ARD Tagesschau, 20. Mai 2010)

Das Komplizierte dabei ist, dass niemand so richtig weiß, welchen Effekt die Einführung einer Steuer auf Transaktionen an der Börse tatsächlich hätte: Lässt sich damit der Finanzmarkt beruhigen und stabilisieren? Kann man auf der anderen Seite damit gut Geld einnehmen? Man weiß es nicht und lässt sich von der größten Befürchtung, die Börsen-Teilnehmer könnten auf nicht besteuerte Börsen-Plätze im Ausland ausweichen, abschrecken. Indes gibt es kaum zuverlässige Modelle, die den aufgeworfenen Fragen nachgehen.

Wir werden versuchen, die Aspekte des „Beruhigens" und des „Geld-Einnehmens" in einem spieltheoretischen Modell zu analysieren. Die mathematische Grundlage ist hierbei die Theorie der Bimatrixspiele. Die Modellierung ist sehr einfach gehalten und kann daher nicht direkt auf die Realität übertragen werden – dennoch gibt sie einen spannenden Einblick in mögliche Effekte, die Steuer-Einführungen hervorrufen können.

Wir betrachten das Modell und die Steuer-Auswirkungen an einem konkreten Beispiel. Dazu benötigen wir zwei Spieler und Robin Hood, der die Rolle eines Oberaufsehers übernimmt. Robin Hood ist zunächst einmal noch nicht aktiv, es werden noch keine Steuern verlangt. Die beiden Spieler spielen ein Kartenspiel mit den folgenden Regeln.

- Spieler 1 hat zwei Karten: eine weiße *1* und eine graue **2**.
- Spieler 2 hat auch zwei Karten: eine weiße *1* und eine graue **3**.

Beide Spieler müssen eine ihrer beiden Karten verdeckt auf den Tisch legen. Anschließend werden die Karten gleichzeitig aufgedeckt. Es geht jeweils um das Produkt der beiden gelegten Zahlen. Liegt eine Farbe (d. h. zwei weiße Karten oder zwei graue Karten), so gewinnt Spieler 1: Er erhält den entsprechenden Betrag an Talern von Spieler 2. Liegen zwei Farben (d. h. eine weiße und eine graue Karte), so gewinnt Spieler 2: Er erhält das Produkt der gelegten Zahlen von Spieler 1. Die Spielregeln und Auszahlungen sind in Tab. 12.1 in Übersichtsform dargestellt.

Wählt zum Beispiel Spieler 1 seine weiße *1* und Spieler 2 seine graue *3*, so geht es um 3 Taler. Weil die Farben unterschiedlich sind, muss Spieler 1 die 3 Taler an Spieler 2 zahlen: Spieler 1 hat eine Auszahlung von -3, während Spieler 2 eine Auszahlung von $+3$ hat.

Ganz allgemein kann man ein Bimatrixspiel durch die Angabe zweier Matrizen A und B beschreiben (daher auch der Name Bi-Matrix-Spiel).

In unserem Fall ist $A = \begin{pmatrix} 1 & -3 \\ -2 & 6 \end{pmatrix}$ und $B = \begin{pmatrix} -1 & 3 \\ 2 & -6 \end{pmatrix}$.

Spieler 1 muss sich für eine Zeile entscheiden und Spieler 2 muss sich für eine Spalte entscheiden. Wichtig ist, dass beide unabhängig voneinander agieren und ihre Wahl gleichzeitig verkünden.

Bimatrixspiele mit der Eigenschaft $A = -B$ werden als Matrixspiele bezeichnet, da in diesem Fall die Angabe einer Auszahlungs-Matrix ausreichend ist (die andere Auszahlungs-Matrix ergibt sich durch Vorzeichen-Umkehrung). In unserem Beispiel handelt es sich also um ein Matrixspiel.

Wir stellen uns nun vor, dass die beiden Spieler das Kartenspiel mehrmals hintereinander wiederholen und dabei ihre Karten mit einer gewissen Häufigkeit, d. h. einer festen Wahrscheinlichkeits-Verteilung, zufällig wählen. Die Festlegung auf eine bestimmte Häufigkeit wird als gemischte Strategie eines Spielers bezeichnet. So könnte zum Beispiel Spieler 1 in durchschnittlich 2 von 3 Fällen die weiße *1* und in 1 von 3 Fällen die graue *2* wählen $\left(p = \left(\frac{2}{3}, \frac{1}{3}\right)\right)$; während Spieler 2 mit einer Wahrscheinlichkeit von $\frac{3}{4}$ die weiße *1* und mit $\frac{1}{4}$ die graue *3* wählt $\left(q = \left(\frac{3}{4}, \frac{1}{4}\right)\right)$, siehe dazu die Darstellung in Tab. 12.2.

Spielen beide Spieler eine gemischte Strategie, so sind deren „erwartete Auszahlungen" interessant. Weil die Spieler ihre Entscheidungen zufällig und unabhängig voneinander treffen, ergibt sich im Erwartungswert eine Auszahlung von

Tab. 12.1 Bimatrixspiel (Beispiel)

Sicht von Spieler 1				Sicht von Spieler 2			
		Spieler 2				Spieler 2	
		1	*3*			*1*	*3*
Spieler 1	*1*	1	−3	Spieler 1	*1*	−1	3
	2	−2	6		*2*	2	−6

(Spielregeln und Auszahlungen aus Sicht der beiden Spieler)

Tab. 12.2 Bimatrixspiel (Beispiel) mit Wahrscheinlichkeiten

Sicht von Spieler 1					Sicht von Spieler 2				
			Spieler 2					Spieler 2	
			1	*3*				*1*	*3*
			$\frac{3}{4}$	$\frac{1}{4}$				$\frac{3}{4}$	$\frac{1}{4}$
Spieler 1	*1*	$\frac{2}{3}$	1	−3	Spieler 1	*1*	$\frac{2}{3}$	−1	3
	2	$\frac{1}{3}$	−2	6		*2*	$\frac{1}{3}$	2	−6

(Gemischte Strategie aus Sicht der beiden Spieler)

- $v_1 = \frac{2}{3} \cdot \frac{3}{4} \cdot 1 + \frac{2}{3} \cdot \frac{1}{4} \cdot (-3) + \frac{1}{3} \cdot \frac{3}{4} \cdot (-2) + \frac{1}{3} \cdot \frac{1}{4} \cdot 6 = 0$ für Spieler 1 und
- $v_2 = \frac{2}{3} \cdot \frac{3}{4} \cdot (-1) + \frac{2}{3} \cdot \frac{1}{4} \cdot 3 + \frac{1}{3} \cdot \frac{3}{4} \cdot 2 + \frac{1}{3} \cdot \frac{1}{4} \cdot (-6) = 0$ für Spieler 2

Beide Spieler möchten einen möglichst großen eigenen Gewinn erzielen. Für die Spieler stellt sich dann die Frage, welche gemischte Strategie sie optimalerweise spielen sollten. Mit welchen Häufigkeiten sollten sie ihre Karten zufällig wählen, damit ihre eigene erwartete Auszahlung möglichst groß wird?

In unserem Beispiel sind die Interessen der beiden Kontrahenten klar gegenläufig. Während Spieler 1 die einfarbigen Karten-Kombinationen bevorzugen würde, wären für Spieler 2 die zweifarbigen Karten-Kombinationen von Vorteil. John F. Nash (*1928) entwickelte für solche Situation in Bimatrixspielen ein allgemeines Lösungskonzept, das die Idee eines Gleichgewichts umsetzt. Für seine Arbeiten [1] in diesem Bereich der Spieltheorie erhielt er 1994 den Nobelpreis für Wirtschaftswissenschaften. Vielleicht kennst du seine Biografie aus der Oscar-prämierten Verfilmung „A Beautiful Mind" von 2001.

Im sogenannten Nash-Gleichgewicht sind beide Spieler lokal zufrieden. Ein Nash-Gleichgewicht besteht aus gemischten Strategien $\bar{p}$ und $\bar{q}$ der beiden Spieler mit der Eigenschaft: Für keinen der Spieler ist es sinnvoll, von seiner Strategie abzuweichen, denn seine Auszahlung würde sich dadurch nicht verbessern.

In unserem Beispiel existiert genau ein Nash-Gleichgewicht. Die Gleichgewichts-Strategien sind $\bar{p} = \left(\frac{2}{3}, \frac{1}{3}\right)$ und $\bar{q} = \left(\frac{3}{4}, \frac{1}{4}\right)$ (vergleiche Tab. 12.2). Warum?

- Angenommen, Spieler 2 spielt die gemischte Strategie $\bar{q} = \left(\frac{3}{4}, \frac{1}{4}\right)$. Wählt Spieler 1 die erste Zeile, so erhält er im Durchschnitt $0 = \frac{3}{4} \cdot 1 + \frac{1}{4} \cdot (-3)$ Taler. Wählt er die zweite Zeile, so erhält er im Durchschnitt ebenfalls

$0 = \frac{3}{4} \cdot (-2) + \frac{1}{4} \cdot 6$ Taler. Es ist daher egal, für welche gemischte Strategie p er sich entscheidet, er erhält die erwartete Auszahlung $v_1 = 0$. Wählt er statt $\bar{p} = \left(\frac{2}{3}, \frac{1}{3}\right)$ eine andere gemischte Strategie p, so verbessert er sich nicht, sondern erzielt nur die gleiche erwartete Auszahlung.

- Für Spieler 2 verläuft die Argumentation analog. Angenommen, Spieler 1 spielt die gemischte Strategie $\bar{p} = \left(\frac{2}{3}, \frac{1}{3}\right)$ Wählt Spieler 2 die erste Spalte, so erhält er im Durchschnitt $0 = \frac{2}{3} \cdot (-1) + \frac{1}{3} \cdot 2$ Taler. Wählt er die zweite Spalte, so erhält er im Durchschnitt ebenfalls $0 = \frac{2}{3} \cdot 3 + \frac{1}{3} \cdot (-6)$ Taler. Es ist auch für ihn egal, welche gemischte Strategie q er wählt, er erhält die erwartete Auszahlung $v_2 = 0$. Auch er kann sich nicht verbessern.

- Entscheidend ist dabei, dass der Sachverhalt auf beide Spieler gleichzeitig zutrifft!

Für Spiele mit dem gleichen Vorzeichenmuster wie in unserem Beispiel, d. h. Spiele mit Auszahlungsmatrizen der Form

$$A = \begin{pmatrix} a_{11} & a_{12} \\ a_{21} & a_{22} \end{pmatrix} = \begin{pmatrix} + & - \\ - & + \end{pmatrix} \text{ und } B = \begin{pmatrix} b_{11} & b_{12} \\ b_{21} & b_{22} \end{pmatrix} = \begin{pmatrix} - & + \\ + & - \end{pmatrix}$$

ist bekannt, dass immer genau ein Nash-Gleichgewicht existiert. Die Gleichgewichts-Strategien besitzen dann eine charakteristische Eigenart: Ziel eines Spielers ist es, den Gegenspieler indifferent in dessen Entscheidung zu machen. Der Spieler wählt seine Strategie so, dass der Gegenspieler jede beliebige Strategie wählen könnte, es würde keinen Unterschied in dessen erwarteter Auszahlung machen.

Dieses Ziel kann man für die Spieler jeweils in einer Gleichung ausdrücken. Spieler 1 wählt seine Strategie $\bar{p} = (p_1, p_2)$ so, dass es für Spieler 2 egal ist, ob er Spalte 1 oder Spalte 2 wählt: Es gilt $p_1 \cdot b_{11} + p_2 \cdot b_{21} = p_1 \cdot b_{12} + p_2 \cdot b_{22}$. Zusammen mit der Bedingung, dass $\bar{p} = (p_1, p_2)$ eine Wahrscheinlichkeits-Verteilung ist, ergibt sich das Gleichungssystem:

$$(b_{11} - b_{12}) \cdot p_1 + (b_{21} - b_{22}) \cdot p_2 = 0$$
$$p_1 + p_2 = 1$$

(12.1)

Analog wählt Spieler 2 seine Strategie $\bar{q} = (q_1, q_2)$ so, dass es für Spieler 1 egal ist, ob er Zeile 1 oder Zeile 2 wählt: $q_1 \cdot a_{11} + q_2 \cdot a_{12} = q_1 \cdot a_{21} + q_2 \cdot a_{22}$. Zusammen mit der Bedingung, dass auch $\bar{q} = (q_1, q_2)$ eine Wahrscheinlichkeits-Verteilung ist, ergibt sich hier das Gleichungssystem:

$$(a_{11} - a_{21}) \cdot q_1 + (a_{12} - a_{22}) \cdot q_2 = 0$$
$$q_1 + q_2 = 1 \tag{12.2}$$

Du kannst mithilfe der Gleichungssysteme (Gl. 12.1) und (Gl. 12.2) überprüfen, ob $\bar{p} = \left(\frac{2}{3}, \frac{1}{3}\right)$ und $\bar{q} = \left(\frac{3}{4}, \frac{1}{4}\right)$ tatsächlich die Gleichgewichts-Strategien in unserem Beispiel sind!

Wir interessieren uns für den erwarteten Transfer ET des Spiels. Wie viele Taler gehen im Durchschnitt über den Tisch, wenn beide Spieler ihre Gleichgewichts-Strategie spielen? Bei der Berechnung gehen diesmal nicht die tatsächlichen Einträge der beiden Auszahlungs-Matrizen ein, sondern deren (übereinstimmende) Beträge (vgl. Tab. 12.2):

$$\text{ET} = \frac{2}{3} \cdot \frac{3}{4} \cdot 1 + \frac{2}{3} \cdot \frac{1}{4} \cdot 3 + \frac{1}{3} \cdot \frac{3}{4} \cdot 2 + \frac{1}{3} \cdot \frac{1}{4} \cdot 6 = 2$$

In der steuerfreien Situation – mit einem unbeteiligtem Robin Hood – gehen in unserem Beispiel also durchschnittlich 2 Taler über den Tisch. Nun greift Robin Hood in das Geschehen ein und treibt Steuern ein: Er nimmt vom Gewinner stets 10 % der Auszahlung. Wie ändert diese Gewinn-Steuer den erwarteten Transfer des Spiels?

Zunächst einmal ändern sich die Auszahlungen für die Spieler. Wann immer die Spieler einen Gewinn machen, müssen sie 10 % abgeben. Legt zum Beispiel Spieler 1 seine weiße *1* und Spieler 2 seine graue *3*, so erzielt Spieler 2 eigentlich einen Gewinn von 3 Talern. Da er jedoch 10 % an Robin Hood abgeben muss (d. h. 0,3 Taler), erhält er nun nur noch 2,7 Taler. Spieler 1 muss die gesamten 3 Taler zahlen, es bleibt für ihn bei einer Auszahlung von -3. Außerdem nehmen wir an, dass die gesamten 3 Taler zunächst einmal über den Tisch gehen, ehe der Gewinner die Steuer an Robin Hood zahlt. Die Auszahlungen unter der 10 %-Besteuerung sind in der Tab. 12.3 dargestellt.

Weil sich durch das Eingreifen von Robin Hood die Auszahlungen geändert haben, ändert sich auch das Nash-Gleichgewicht dieses Spiels. Du kannst es mithilfe der Gleichungssysteme (1.1) und (1.2) berechnen! Es ergaben sich $\bar{p} = \left(\frac{78}{115}, \frac{37}{115}\right)$ und $\bar{q} = \left(\frac{84}{113}, \frac{29}{113}\right)$. Der erwartete Transfer des Spiels beträgt nun

Tab. 12.3 Bimatrixspiel (Beispiel) mit 10 %-Steuer

Sicht von Spieler 1				Sicht von Spieler 2			
		Spieler 2				Spieler 2	
		1	*3*			*1*	*3*
Spieler 1	1	0,9	−3	Spieler 1	1	−1	2,7
	2	−2	5,4		2	1,8	−6

(Auszahlungen aus Sicht der beiden Spieler bei 10 %-Gewinnsteuer.)

Tab. 12.4 Bimatrixspiel (Beispiel) mit allgemeiner Steuer x

Sicht von Spieler 1				Sicht von Spieler 2			
		Spieler 2				Spieler 2	
		1	*3*			*1*	*3*
Spieler 1	1	$(1 - \frac{x}{100}) \cdot 1$	−3	Spieler 1	1	−1	$(1 - \frac{x}{100}) \cdot 3$
	2	−2	$(1 - \frac{x}{100}) \cdot 6$		2	$(1 - \frac{x}{100}) \cdot 2$	−6

(Auszahlungen aus Sicht der beiden Spieler bei x %-Gewinnsteuer.)

$$ET = \frac{78}{115} \cdot \frac{84}{113} \cdot 1 + \frac{78}{115} \cdot \frac{29}{113} \cdot 3 + \frac{37}{115} \cdot \frac{84}{113} \cdot 2 + \frac{37}{115} \cdot \frac{29}{113} \cdot 6 = \frac{25.992}{12.995} = 2 + \frac{2}{12.995} \approx 2{,}00015$$

Das interessante Ergebnis ist: Der zu erwartende Transfer ist gestiegen!

Wir waren davon ausgegangen, dass Robin Hood 10 % der Gewinne verlangt. Allgemeiner kann man fragen: Welchen Effekt hat es, wenn x % des Gewinns versteuert werden (x kann dabei einen beliebigen Wert zwischen 0 und 100 annehmen)? Die Auszahlungen in dieser allgemeineren Situation sind in der Tab. 12.4 dargestellt.

Man kann das Nash-Gleichgewicht erneut durch die Gleichungssysteme (Gl. 12.1) und (Gl. 12.2) berechnen. Diesmal ergeben sich die Strategien in Abhängigkeit des Steuer-Parameters x. Im Anschluss daran kann man den erwarteten Transfer berechnen. Man erhält

$$ET(x) = \frac{72(\frac{x}{100} - 2)^2}{35\frac{x^2}{100} - 144\frac{x}{100} + 144}$$

In der Abb. 12.1 ist der dazugehörige Graph zu sehen.

Und was sagt uns das Ganze in Bezug auf die anfangs gestellten Fragen des „Beruhigens" und des „Geld-Einnehmens"?

In unserem Beispiel wirkt eine Steuer alles andere als beruhigend! Es gilt der erstaunliche Zusammenhang:

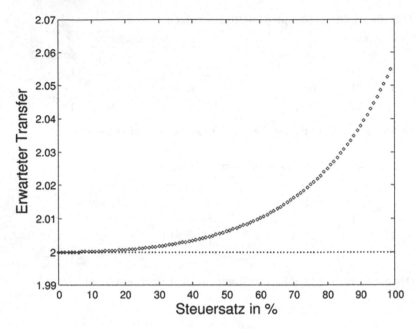

Abb. 12.1 Erwarteter Transfer in Abhängigkeit des Steuersatzes

Je höher die Steuer, desto höher der erwartete Transfer. Das Geld-Einnehmen funktioniert in der Konsequenz hervorragend. Je höher Robin Hood die prozentuale Gewinn-Steuer ansetzt, umso mehr Geld nimmt er auch ein.

Als mathematisches i-Tüpfelchen sei noch erwähnt, dass dieser Effekt nicht nur in dem betrachteten Beispiel auftritt. Man kann beweisen, dass eine Gewinn-Steuer bei allen Matrixspielen eines bestimmten Typs die gleiche Auswirkung hat. Wer sich dafür und die zugehörige Mathematik interessiert kann dem Link im unten stehenden QR-Code folgen.

Über die folgende offene Fragestellung aus einer Robin-Hood-Verfilmung kannst du nun abschließend noch einmal nachdenken.

Sheriff: „Damit ich das richtig verstehe: Robin Hood zwingt mich, die Steuern zu erhöhen und dafür lieben sie ihn auch noch?" (aus dem Film „Robin Hood – König der Diebe", 1991)

Knobelei

Welchen Effekt auf den erwarteten Transfer hätte es in unserem Beispiel, wenn Robin Hood keine Steuer von den Reichen nähme, sondern stattdessen den Armen, also den Verlierern, einen relativen Anteil ihres Verlustes zurückerstattete?

QR-CODE: STEUER BEI MATRIXSPIELEN

QR-CODE: ERKLÄRVIDEO MIT MARLIS BÄRTHEL

Literatur

1.   Nash, J. F. (1951). Non-cooperative games. *Annals of Mathematics, 54,* 286–295.

13

Fußball – Das ist reine Glückssache?

Matthias Müller

M. Müller (✉)
Abteilung für Didaktik der Mathematik und Informatik,
FSU Jena, Jena, Deutschland
E-Mail: matthias.mueller.2@uni-jena.de

© Springer Fachmedien Wiesbaden GmbH 2017
M. Müller (Hrsg.), *Überraschende Mathematische Kurzgeschichten*,
DOI 10.1007/978-3-658-13895-0_13

„Zuerst hatten wir kein Glück und dann kam auch noch Pech dazu".
Das ist ein berühmtes Fußballzitat von Jürgen Wegmann zur Spielanalyse. Weltweit verfolgten Millionen Zuschauer die Spiele der Fußballweltmeisterschaft 2014 in Brasilien. Einige Fans wetteten auch auf die Spielausgänge. Doch will man auf etwas wetten, das, wie das Zitat vermuten lässt, reine Glückssache ist?

Im Internet finden sich viele Informationen rund um die Weltmeisterschaft. Auf der Internetseite www.fussballmathe.de können sogar Wahrscheinlichkeiten für Spielergebnisse berechnet werden. Demnach lag die Wahrscheinlichkeit vor dem Viertelfinale bei 14,58 %, dass Deutschland Weltmeister wird. Für Brasilien lag sie bei 25,55 %. Für Argentinien und die Niederlande betrugen die Wahrscheinlichkeiten vor dem Viertelfinale 19,93 % bzw. 17 % dafür, dass sie den Pokal holen. Mit solchen Information ist es vielleicht doch möglich eine Wette einzugehen, aber wie berechnet man die Wahrscheinlichkeit von Fußballergebnissen?

Betrachten wir zunächst ein vereinfachtes Beispiel. Nehmen wir an, eine Mannschaft A ist doppelt so erfolgreich beim Torerzielen wie eine Mannschaft B. Das bedeutet, Mannschaft B schießt das nächste Tor in einem von drei Fällen. Wenn wir davon ausgehen, dass in einem Spiel nur ein Tor fällt, dann gewinnt Mannschaft B mit einer Wahrscheinlichkeit von $\frac{1}{3}$ das Spiel, das ist nicht wenig für einen Underdog.

Geht man von zwei Toren aus, sind die Ergebnisse 2:0, 1:1 und 0:2 möglich. Die Wahrscheinlichkeit für einen Sieg von Mannschaft B (0:2) liegt bei $\frac{1}{3} \cdot \frac{1}{3} = \frac{1}{9}$, die für einen Sieg von Mannschaft A (2:0) bei $\frac{2}{3} \cdot \frac{2}{3} = \frac{4}{9}$. Ein Unentschieden ist genauso wahrscheinlich, da $2 \cdot \frac{1}{3} \cdot \frac{2}{3} = \frac{4}{9}$. Dabei muss man beachten, dass es zwei Möglichkeiten gibt, wie das 1:1 entsteht: Entweder schießt Mannschaft A das erste Tor oder Mannschaft B. Auch hier sieht man, dass Mannschaft B gute Chancen hat zumindest die Verlängerung zu erreichen. Gehen wir nun davon aus, dass drei Tore in dem Spiel fallen, dann steigen die Siegchancen des Underdogs B wieder. Er gewinnt mit einem 3:0 oder einem 2:1. Für das letzte Ergebnis gibt es bezüglich der Torreihenfolge drei Möglichkeiten, wie es zustande kommt. Daher liegt die Wahrscheinlichkeit für einen Sieg von Mannschaft B bei $\frac{1}{3} \cdot \frac{1}{3} \cdot \frac{1}{3} + 3 \cdot \frac{1}{3} \cdot \frac{1}{3} \cdot \frac{2}{3} = \frac{7}{27} \approx 0{,}26$. Auch das ist eine recht passable Gewinnchance.

Du kannst dir ja mal die Wahrscheinlichkeiten der Ergebnisse überlegen, wenn in einem Spiel 4 Tore fallen. Wie verändern sich die Wahrscheinlichkeiten, wenn beide Mannschaften gleich stark sind?

Die Überlegungen führen zu zwei Beobachtungen. Erstens fällt auf, dass es für jedes Tor nur zwei Möglichkeiten gibt, welche Mannschaft es schießt. (Daher gibt es zwei mögliche Ausgänge.) Innerhalb unseres Modells sind die Wahrscheinlichkeiten für jedes Tor dieselben. Für ein derartiges Zufallsexperiment haben wir in einem vorangegangenen Ableger-Artikel schon eine geeignete Wahrscheinlichkeitsverteilung kennengelernt. Es handelt sich um die Binomialverteilung. Sie bildet auch die Grundlage für das Prognose-Modell der Internetseite www.fussballmathe.de. Zweitens, und das ist entscheidend, stellt sich die Frage, woran man festmacht, dass Mannschaft A doppelt so stark ist wie Mannschaft B. Was ist also ein gutes Kriterium für die Stärke einer Fußballmannschaft?

Schauen wir uns dazu die Abschlusstabelle der Ersten Fußballbundesliga der Saison 2009/2010 an (Tab. 13.1):

Wir ermitteln für jede Mannschaft das Verhältnis zwischen den Spielen ohne eigenes Tor und den gemachten Spielen, bzw. errechnen, wie viele Tore eine Mannschaft im Durchschnitt geschossen hat, und stellen diese Datenpunkte in einem Koordinatensystem dar (siehe Abb. 13.1).

Die Abbildung der Punktwolke erinnert an einen exponentiellen Zerfallsprozess. Legt man den Graphen der Funktion $f(x) = e^{-x}$ in dasselbe Koordinatensystem, erkennt man, dass er recht gut zu den Datenpunkten zu passen scheint (siehe Abb. 13.2).

Tab. 13.1 Fußballbundesliga Saison 2009/2010

Platz	Mannschaft	Torlos	Torverhältnis	Bilanz	Punkte
1	FC Bayern München	3	72:31	41	70
2	FC Schalke 04	6	53:31	22	65
3	SV Werder Bremen	5	71:40	31	61
4	Bayer 04 Leverkusen	6	65:38	27	59
5	Borussia Dortmund	4	54:42	12	57
6	VfB Stuttgart	8	51:41	10	55
7	Hamburger SV	9	56:41	15	52
8	VfL Wolfsburg	3	64:58	6	50
9	1. FSV Mainz 05	12	36:42	−6	47
10	Eintracht Frankfurt	6	47:54	−7	46
11	TSG 1899 Hoffenheim	12	44:42	2	42
12	Bor. Mönchengladbach	10	43:60	−17	39
13	1. FC Köln	16	33:42	−9	38
14	SC Freiburg	12	35:59	−24	35
15	Hannover 96	12	43:67	−24	33
16	1. FC Nürnberg	15	32:58	−26	31
17	VfL Bochum	10	33:64	−31	28
18	Hertha BSC Berlin	13	34:56	−22	24

Dargestellt sind die Ergebnisse nach 34 Spieltagen. Neben den Punkten und dem Torverhältnis sind auch die Spiele ohne Torerfolg aufgeführt.

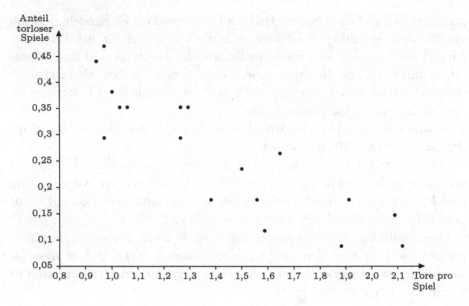

Abb. 13.1 Datensatz torlose Spiele zu Toren pro Spiel

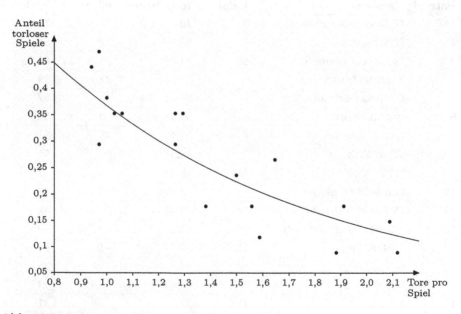

Abb. 13.2 Datensatz mit exponentieller Trendlinie

Dass Fußballergebnisse etwas mit einem exponentiellen Zerfallsprozess gemein haben, hat der englische Spieltheoretiker Jack Dowie beschrieben. Er schlug vor, Fußballergebnisse mit der Poisson-Verteilung zu prognostizieren:

$$P_k(a) = \frac{a}{k!} \cdot e^{-a}$$

Der Parameter a ist dabei die Stärke einer Mannschaft und kann zum Beispiel durch das Torverhältnis bestimmt werden. Zur Berechnung der Wahrscheinlichkeit eines möglichen Spielausgangs (k:l) müssen beide Mannschaften berücksichtigt werden (die Wahrscheinlichkeiten werden multipliziert):

$$P_{k,l}(a,b) := P_k(a) \cdot P_l(b) = \frac{a}{k!} \cdot e^{-a} \cdot \frac{b}{l!} \cdot e^{-b} = \frac{a \cdot b}{k! \cdot l!} \cdot e^{-(a+b)}$$

Dabei ist

$P_k(a)$ die Wahrscheinlichkeit dafür, dass Mannschaft A k-viele Tore schießt,
$P_l(b)$ die Wahrscheinlichkeit dafür, dass Mannschaft B l-viele Tore schießt,
$P_{k,l}(a,b)$ die Wahrscheinlichkeit für einen Spielausgang k:l.

Mit dieser Formel kann man zum Beispiel auf der Datengrundlage der Bundesligasaison 2009/2010 die möglichen Ausgänge des Spiels Borussia Dortmund gegen den FC Bayern München prognostizieren. Dafür listet man in einer Tabelle die möglichen Spielausgänge auf und berechnet nach der obigen Formel die entsprechenden Wahrscheinlichkeiten. Die Stärken werden durch die Torverhältnisse bestimmt (Tab. 13.2).

Wenn man die Wahrscheinlichkeiten der Spielstände, die einen Sieg des FC Bayern darstellen, addiert, erhält man eine Wahrscheinlichkeit von ca. 46 % für einen Sieg des FC Bayern München. Ein Unentschieden hat die Wahrscheinlichkeit von ca. 25 % und Borussia Dortmunds Siegchancen liegen bei ca. 29 %. Tatsächlich haben die Bayern Dortmund in jener Saison 5:1 und 3:1 geschlagen. Dieses Vorgehen kann nützlich sein, um auf der Datengrundlage der Hinrunde einer Saison mögliche Ergebnisse der jeweiligen Rückrunde vorherzusagen.

Die Possion-Verteilung gilt als die Verteilung der seltenen Ereignisse (kleine Trefferanzahl k) und bietet für große Stichprobenumfänge (n) und kleine Wahrscheinlichkeiten (p) eine gute Approximation der Binomialverteilung.

Dass man mit diesem Prognose-Modell zum Beispiel die Spielausgänge und Wettquoten recht gut annähern kann, liegt an der Besonderheit

Tab. 13.2 Spielausgänge der Partie FC Bayern München vs. Borussia Dortmund

FC Bayern München	Borussia Dortmund	$P_{k,l}(a, b)$ in %	$P_{k,l}(a, b)$ in %
0	0	0,024578520866886	2,4578520866886
0	1	0,039036474317994	3,9036474317994
0	2	0,030999553134877	3,0999553134877
0	3	0,016411528130229	1,6411528130229
0	4	0,0065163420517083	0,65163420517083
0	5	0,0020698968870132	0,20698968870132
1	0	0,052048632423993	5,2048632423993
1	1	0,082665475026339	8,2665475026339
1	2	0,065646112520915	6,5646112520915
1	3	0,034753824275778	3,4753824275778
1	4	0,013799312580087	1,3799312580087
1	5	0,0043833110548514	0,43833110548514
2	0	0,055110316684227	5,5110316684227
2	1	0,087528150027888	8,7528150027888
2	2	0,069507648551556	6,9507648551556
2	3	0,036798166880235	3,6798166880235
2	4	0,014611036849504	1,4611036849504
2	5	0,0046411528816074	0,46411528816074
3	0	0,038901400012395	3,8901400012395
3	1	0,061784576490274	6,1784576490274
3	2	0,049064222506981	4,9064222506981
3	3	0,025975176621341	2,5975176621341
3	4	0,010313673070238	1,0313673070238
3	5	0,0032761079164286	0,32761079164286
4	0	0,020594858830091	2,0594858830091
4	1	0,032709481671321	3,2709481671321
4	2	0,025975176621341	2,5975176621341
4	3	0,013751564093651	1,3751564093651
4	4	0,0054601798607144	0,54601798607144
4	5	0,0017344100734034	0,17344100734034
5	0	0,0087225284456857	0,87225284456857
5	1	0,013853427531383	1,3853427531383
5	2	0,011001251274921	1,1001251274921

Die Wahrscheinlichkeiten $P_{k,l}(a, b)$ wurden mittels Possion-Verteilung auf Grundlage der Daten der Saison 2009/2010 berechnet.

des Fußballspiels. In den meisten anderen Sportarten fallen die Spielergebnisse viel höher aus. Die geringen Spielstände im Fußball bestärken den Zufallscharakter und machen es für Wettspiele besonders attraktiv, denn Underdog-Mannschaften haben auch eine realistische Chance zu gewinnen.

Zu jeder Fußballweltmeisterschaft berechnen einige Mathematiker die Gewinnwahrscheinlichkeiten der einzelnen Mannschaften. Wenn du dazu mehr erfahren willst, kannst du im Buch „Sport und Physik" [1] weiterlesen. Die Kunst liegt darin, die Stärke einer Mannschaft richtig einzuschätzen. Neben dem Torverhältnis werden die ewigen Tabellen und die Spielergehälter als Indikatoren für die Stärke einer Mannschaft genutzt. In vielen Fällen liegen die Mathematiker mit ihren Prognosen richtig. Du kannst es ja bei der nächsten Europameisterschaft oder Weltmeisterschaft auch mal ausprobieren und die Daten der Vorrundenspiele nutzen, um das Finale vorauszusagen.

QR-CODE: FUSSBALLMATHE.DE

Literatur

1. Thaller, S., & Mathelitsch, L. (2008). *Sport und Physik. Praxis Schriftenreihe* (Bd. 64). Köln: Aulis.

14

Fußball und Mathematik – die Auswärtstor-Regel

Christian Hercher

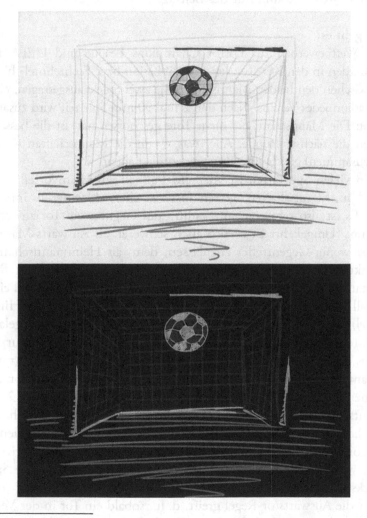

C. Hercher (✉)
Jena, Deutschland
E-Mail: christian.hercher@t-online.de

© Springer Fachmedien Wiesbaden GmbH 2017
M. Müller (Hrsg.), *Überraschende Mathematische Kurzgeschichten*,
DOI 10.1007/978-3-658-13895-0_14

Am 4. September 2014 trafen sich im schweizerischen Nyon die Chef-Trainer der wichtigsten europäischen Fußball-Vereine, um sich über die zukünftige Entwicklung des europäischen Vereinsfußballs auszutauschen. Die Nachrichtenagentur Reuters vermeldete, dass dort auch über die Auswärtstor-Regel und deren Abschaffung diskutiert wurde. Sie sei antiquiert und nicht mehr von Bedeutung, würde das Spielgeschehen verzerren. Wir wollen dies hier genauer beleuchten. Den entsprechenden Artikel findet man unter dem ersten QR-Code am Ende des Beitrags.

Worum geht es?

Bei den Wettbewerben zur UEFA Champions League und UEFA Europa League werden in den KO-Runden (Qualifikation bzw. Sechzehntel- bis Halbfinale) zwischen den beiden Mannschaften je zwei Spiele ausgetragen: eines im Heim-Stadion jedes Vereins. Nach den 2 mal 90 min Spielzeit wird zusammengerechnet: Die Mannschaft, die mehr Tore geschossen hat, ist die bessere und gelangt in die nächste Runde. Aber was, wenn die Mannschaften (in beiden Spielen zusammen) gleich viele Tore geschossen haben?

Wie in vielen Sportarten ist auch im Fußball ein Heimvorteil zu beobachten, d. h., Mannschaften agieren auswärts eher schlechter als im eigenen Stadion. Es ist also schwerer, im Stadion des Gegners ein Tor zu schießen, als daheim. (Umgekehrt ist es also auch schwerer, als Auswärts-Mannschaft möglichst wenig Gegentreffer zuzulassen, denn als Heimmannschaft.) Um ein attraktiveres Spiel (also eines, in dem mehr Tore fallen) zu fördern, führte man als *Tie-Breaker* in dieser Situation die Auswärtstor-Regel ein:

Im Fall eines Unentschiedens (d. h. Tordifferenz Null nach Hin- und Rückspiel) wird diejenige Mannschaft als besser bewertet (und gelangt in die nächste Runde), welche mehr Auswärts-Tore erzielt hat. Ein kurzes Beispiel: Das erste Spiel zwischen den beiden Mannschaften A und B (mit A als Heimmannschaft) ging 1:0 aus, das Rückspiel (dann im Stadion von B) 1:2. Zusammen ergibt sich also nach beiden Spielen ein Spielstand von 2:2, d. h. ein Unentschieden. Jedoch hat Mannschaft A auswärts ein Tor geschossen, B dagegen keins. Also gelangt A in die nächste Runde. Nur im Fall identischer Spielergebnisse in Hin- und Rückspiel kann auf diese Weise kein Sieger ermittelt werden. Dann wird direkt im Anschluss an die reguläre Spielzeit des Rückspiels eine 30-minütige Verlängerung gespielt. Wichtig ist, dass auch hier die Auswärtstor-Regel greift, d. h., sobald ein Tor in der Verlängerung fällt, verändert sich dadurch das Ergebnis des Rückspiels, wodurch ein Sieger bestimmt wird. Sollte dagegen auch in der Verlängerung kein Treffer fallen, so wird der Sieger in einem Elfmeterschießen vor Ort ermittelt. (Dabei zählt dann die Auswärtstor-Regel nicht mehr; der Sieger muss also echt mehr Strafstöße erfolgreich verwandeln als der Gegner, um über diesen zu triumphieren.)

Warum abschaffen?
Nun, diese Regelung erscheint offenbar für die Vermarktung teilweise zu kompliziert. Es geistern noch immer Mythen der Form „Auswärtstore zählen doppelt" oder Vergleichbares durch die Fußballwelt. Andererseits ist der Heimvorteil im Vergleich zu früheren Jahrzehnten (die Regelung wurde Mitte der 1960er Jahre im europäischen Profi-Vereinsfußball eingeführt) deutlich gesunken, da z. B. die Vereine professioneller geworden sind und die Reise-Strapazen abgenommen haben. Ist die Regelung also obsolet geworden, hat sich überlebt?

Dazu wollen wir den Heimvorteil einmal genauer berechnen. Dafür müssen wir allerdings überhaupt erst einmal ein Modell der Bewertung der Spielstärke verschiedener Mannschaften, die wir miteinander vergleichen wollen, definieren. Dabei werden wir uns bei dem im Schach üblichen Elo-Bewertungssystem[1] bedienen. Dieses ordnet jedem Schachspieler (bzw. dann in unserem Fall jeder Fußball-Mannschaft) eine Wertungszahl zu, mit welcher sich Wahrscheinlichkeitsaussagen über zukünftige Spiele machen lassen: Je größer die Differenz zwischen dem (höher bewerteten) Favoriten und dem Herausforderer, desto wahrscheinlicher ist ein Sieg für den Erstgenannten. Sei D die Punktdifferenz zwischen den beiden. Dann ist das System so geeicht, dass sich die Gewinnwahrscheinlichkeit für den Favoriten (unter Nichtberücksichtigung möglicher Unentschieden) als

$$E = \frac{1}{1 + 10^{\frac{-D}{400}}}$$

berechnet. Man bemerke, dass der Nenner für alle reellen D größer als 1 ist und somit E immer zwischen 0 und 1 liegt. Weiterhin geht die Zehnerpotenz für „unendlich" groß werdende D selbst gegen 0, sodass die Gewinnwahrscheinlichkeit dann gegen 1 geht.

Nach jeder Partie/jedem Turnier wird nun das tatsächliche Spielergebnis mit dem erwarteten verglichen und anhand dessen eine neue Wertungszahl berechnet, die nun besser die aktuelle Spielstärke abbildet. Wie dies genau geschieht, soll hier gar nicht weiter thematisiert werden. Wichtig ist nur

---

[1]Benannt ist dieses nach dem ungarisch-amerikanischen Physiker und Statistiker Arpad Elo (1903–1992), von dem es entwickelt wurde.

eben genannte Formel zur Berechnung der Gewinn-Wahrscheinlichkeit aus der Differenz der Wertungszahlen.

Im Schach dürften laute Anfeuerungsrufe oder Fangesänge eher kontraproduktiv sein. Im Fußball dagegen ist die Kulisse offenbar mit spielentscheidend. So wird das Elo-System in adaptierter Form auch dort eingesetzt (z. B. zur Berechnung der FIFA-Weltrangliste der Frauenfußball-Nationalmannschaften, aber auch inoffiziell im Vereinsfußball; siehe QR-Code weiter unten), allerdings mit einer hier wesentlichen Änderung: Bei der Berechnung des erwarteten Ergebnisses erhält die Heimmannschaft einen Bonus von 100 Elo-Punkten, bevor deren Wertungsdifferenz gebildet und in obige Formel eingesetzt wird! Hier sehen wir also zum ersten mal den Heimvorteil einer Mannschaft quantifiziert:

Bei zwei Mannschaften, die auf neutralem Boden gleich gut gegeneinander spielen würden (die also die gleiche Elo-Zahl haben, sodass sich für beide eine Gewinnwahrscheinlichkeit von 50 % ergibt), verschiebt sich das Kräfteverhältnis dadurch, dass das Spiel bei einer Mannschaft daheim ausgetragen wird, derart, dass nun die Heimmannschaft nicht nur 50 % aller Spiele gewinnt, sondern ca. 64 %. Doch wie wirkt sich nun unsere Auswärtstor-Regel aus, wenn es Hin- und Rückspiel gibt, zwischen denen das Heimrecht der beiden Mannschaften wechselt?

Nun, bis zum Ende der regulären Spielzeit des Rückspiels ist alles symmetrisch: Beide Mannschaften hatten jeweils ein Spiel lang den Vorteil zu Hause spielen bzw. durch Auswärtstore punkten zu können. Insofern verändert hierbei die Auswärtstor-Regel nichts zwischen den beiden Mannschaften. Geht es aber in die Verlängerung, so wird die Situation asymmetrisch, da es keine gleichwertige Verlängerung im Hinspiel gab! Nun hat also die Heimmannschaft des Rückspiels „nur noch" den Heimbonus auf ihrer Seite, während für die Auswärtsmannschaft „nur noch" die Auswärtstor-Regel verbleibt. Kompensieren sich diese beiden Effekte, sodass ein faires System das Weiterkommen entscheidet, oder wird hier eine der beiden Mannschaften bevorzugt? Um diese Frage zu beantworten, müssen wir etwas genauer arbeiten und nicht nur Sieg und Niederlage als mögliche Ergebnisse unterscheiden, sondern auch genauere Aussagen über zu erwartende Spielstände machen.

Wahrscheinlichkeitsaussagen über Spielstände

Der wesentliche Ansatz zur Berechnung der Wahrscheinlichkeiten bestimmter Spielstände wurde schon in dem früheren Artikel „Fußball – Das ist reine Glückssache" genauer betrachtet. Die Idee ist, die Anzahl der Tore, die eine Mannschaft in einem Spiel schießt, als Poissonverteilte Zufallsgröße

zu modellieren. Bei dieser Wahrscheinlichkeitsverteilung beträgt die Wahrscheinlichkeit dafür, dass es $k = 0$; 1; 2; … Treffer von einer Mannschaft
gibt, in Abhängigkeit des Erwartungswertes λ der von dieser Mannschaft
erzielten Tore

$$P_\lambda(k) = \frac{\lambda^k}{k!} \cdot e^{-\lambda}$$

Kennen wir also die erwartete Anzahl an Treffern, die eine Mannschaft in
einem Spiel erzielen wird, können wir so die Wahrscheinlichkeiten dafür
ausrechnen, dass es nun real null, ein, zwei oder entsprechend mehr werden. Kennen wir diese erwarteten Trefferanzahlen von beiden Mannschaften, können wir so (da wir ihre Trefferanzahlen als unabhängig voneinander
annehmen) nun für jedes mögliche Ergebnis a:b eine Wahrscheinlichkeit berechnen, dass dies das Endergebnis des Spiels sein wird. Um nun
die Wahrscheinlichkeiten für verschiedene Spielergebnisse anzugeben,
fehlen uns noch jene erwarteten Trefferzahlen für Heim- und Auswärtsmannschaft. Dazu bedienen wir uns der Vorarbeit aus dem Online-Artikel
„Football Club Elo Ratings". Die dortigen Autoren schlagen vor, dass jene
Erwartungswerte sich auch wieder aus der Differenz der entsprechenden
Elo-Zahlen bestimmen lassen: Aus dieser ergab sich ja schon die gesamte
Gewinnwahrscheinlichkeit, und so ist es nur natürlich, diese Ergebnisse zur
feineren Analyse wieder heranzuziehen. Anhand jener Gewinnwahrscheinlichkeiten wurde aus den Daten der Spiele der letzten Jahrzehnte eine entsprechende Regression durchgeführt, sodass sich gewisse, durch Formeln
beschreibbare (nicht mehr einfach begründbare, durch irgendwelche Annah-
men gerechtfertigte, sondern eben auf den realen Daten basierende und
geglättete) Zusammenhänge zwischen Elo-Differenz und erwarteter Anzahl
an Toren der Heim- und Auswärts-Mannschaften ergeben. Weitere Informationen finden sich unter dem Link im zweiten QR-Code am Ende des Artikels.

Was heißt das jetzt für unseren Fall? Wir wollten herausfinden, ob die
Auswärtstor-Regel den Heimvorteil unter- oder überkompensiert. Dazu
betrachten wir zwei Mannschaften, die gleich stark sind (also gleiche Wertungszahlen besitzen). Im Idealfall sollte dann in 50 % der Fälle die eine und
in 50 % die andere Mannschaft weiterkommen. Für alle möglichen zusam-
mengerechneten Spielergebnisse a:b nach 2 mal 90 min ist das umgekehrte
Spielergebnis b:a aufgrund der Symmetrie vollkommen gleichwahrschein-
lich. Hier hat die Auswärtstor-Regel also keinen Einfluss auf die Gewinnwahrscheinlichkeiten.

Aber was passiert im Fall der Verlängerung, wo es eben kein „Rückspiel der Verlängerung" im anderen Stadion gibt? Unsere Situation hat sich nun verändert: Wir betrachten nur ein Spiel. Damit erhält für die weitere Betrachtung die Heimmannschaft einen Bonus von 100 Elo-Punkten. Daraus ergäbe sich, wenn wir die gerade erwähnten Formeln anwenden, dass wir von dieser ca. 1,5 Treffer erwarten würden, während von der Auswärtsmannschaft nur ca. ein Treffer zu erwarten wäre.

Jedoch beziehen sich diese Zahlen auf 90 min Spielzeit, nicht auf die nur 30 der Verlängerung. Also müssen wir für die weitere Betrachtung diese Erwartungswerte noch dritteln. (Diese Vorgehensweise setzt die Annahme voraus, dass beide Teams über die gesamte Spieldauer immer gleich viele Tore schießen bzw. zulassen. Sondereffekte wie Erschöpfung oder Unkonzentriertheit werden hier also nicht weiter beachtet.) Nehmen wir also diese Erwartungswerte von ca. 0,5 Treffern in der Verlängerung für die Heimmannschaft des Rückspiels und ca. 0,35 Treffern für die Auswärtsmannschaft, so können wir nun jedem Spielergebnis von in der Verlängerung geschossenen Toren eine Wahrscheinlichkeit zuordnen, mit der wir dieses Ergebnis erwarten. Die wahrscheinlichsten Endstände (nur auf die Verlängerung bezogen) lauten dann:

1) 0:0(42,9 %),	2) 1:0(21,4 %),	3) 0:1(14,9 %),
4) 1:1(7,4 %),	5) 2:0(5,3 %),	6) 0:2(2,6 %).

Insgesamt summieren sich die Fälle, in denen die Heimmannschaft die Verlängerung für sich entscheidet, auf ca. 30 %. In ca. 20 % der Fälle schießt die Auswärtsmannschaft mehr Tore und in 50 % der Fälle beide gleich viele, wobei sich allein knapp 43 % im Fall 0:0 bündeln. Schon mit der einfachen Annahme, dass Elfmeterschießen reine Glückssache sind, sieht man, dass die Heimmannschaft einen deutlichen Vorteil davon hätte, wenn nun jedes Unentschieden nach Verlängerung durch Elfmeterschießen entschieden werden würde. Denn dann würde sie die Hälfte aller noch offenen Spiele gewinnen und käme so auf ca. 55 %, während die gleichstarke, gegnerische Mannschaft ohne den Heimvorteil nur 45 % dieser Spiele gewinnen würde. Tatsächlich sind die Gewinnwahrscheinlichkeiten sogar noch ungleicher: Auch wenn der Vorteil weiter abnimmt und der Glücksfaktor entscheidender wird, so entscheidet ein 100-Elo-Punkte-Favorit – wie unsere Heimmannschaft – noch immer ca. 53 % aller Elfmeterschießen für sich (siehe dazu auch den Reuters Artikel unter dem oberen QR-Code). Ein

Wegfall der Auswärtstor-Regel in der Verlängerung würde also dazu führen, dass jedes Unentschieden nach Verlängerung ins Elfmeterschießen geht, sodass auch dort der Heimvorteil zum Tragen kommt. Insgesamt ergäbe sich so nun also ein Sieg der Heimmannschaft in 56,8% der Fälle, während die gleichstarke Auswärtsmannschaft nur in 43,2 % der Fälle gewinnen würde.

Wendet man dagegen die Auswärtstor-Regel in der Verlängerung an, so wird jedes Unentschieden, bei dem Tore in der Verlängerung fallen, der Auswärtsmannschaft als Sieg zugeschrieben. Dadurch verschiebt sich die Gewinnwahrscheinlichkeit der Heimmannschaft auf nur noch 52,7 %, während die gleichstarke Auswärtsmannschaft ohne Heimvorteil, aber nun mit Auswärtstor-Regel in 47,3 % weiter kommt. Diese Regel verkleinert also die Differenz zwischen den Gewinnwahrscheinlichkeiten. Sie kompensiert den Nachteil aber noch nicht, geschweige denn, dass sie ihn überkompensiert.

Diese Prozentzahlen beziehen sich immer auf den Fall, dass es überhaupt zu einer Verlängerung kommt. Ließe man die Auswärtstor-Regel auch schon bei der Wertung nach dem Ende der regulären Spielzeit des Rückspiels außer Acht, würde dieser Fall nur wahrscheinlicher werden, was also insgesamt das Ungleichgewicht (mit dem aufgezeigten Vorteil für die Heimmannschaft des Rückspiels) nur noch vergrößern würde.

Fazit

Diese vielleicht etwas sonderbar anmutende Regel, dass Auswärtstore tendenziell wichtiger sein sollen als solche, die im eigenen Stadion geschossen wurden, erfüllt ihren Zweck, dem Vorteil der Heimmannschaft etwas entgegenzusetzen, sodass ein fairerer Wettbewerb möglich ist. Eine Abschaffung dieser Regelung (ohne adäquaten Ersatz) würde das Weiterkommen wieder mehr in Richtung Losglück verschieben, da relevant ist, wer beim Rückspiel das Heimrecht zugesprochen bekommt.

Zwar wird auch in einem weiteren Online-Artikel (findet sich auch unter dem obigen Link) beschrieben, dass der Heimvorteil seit den 60ern und 70ern, wo er teilweise bei bis zu 250 Elo-Punkten lag, deutlich gesunken ist. Derzeit liegt er aber bei den UEFA-Vereins-Wettbewerben noch immer bei 90 bis 100 Elo-Punkten. Die Auswärtstor-Regel gleicht (in dem in diesem Artikel geschilderten Modell) aber nur einen Vorteil von ca. 50 Elo-Punkten aus. Sollte sich der Heimvorteil in Zukunft weiter verkleinern, so könnte diese Regel irgendwann obsolet werden. Aber noch hat sie sich nicht überlebt.

QR-CODE: AUSWÄRTSTORREGEL

QR-CODE: ELO-RATING

15

Wann ist weniger mehr? Der optimale Winkel beim Kugelstoßen

Matthias Müller

M. Müller (✉)
Abteilung für Didaktik der Mathematik und Informatik,
FSU Jena, Jena, Deutschland
E-Mail: matthias.mueller.2@uni-jena.de

Vielleicht könnt ihr euch an die letzte Sportstunde erinnern, in der ihr Kugelstoßen trainiert habt. Die olympische Disziplin ist ein fester Bestandteil des Unterrichts, denn sie eignet sich in vielerlei Hinsicht für den Schulsport.

Der Chemnitzer David Storl ist ein prominenter Athlet. Ihm gelang es 2011 als erstem Deutschen, Weltmeister im Kugelstoßen zu werden. Mit 21 Jahren war er der bis dahin jüngste Weltmeister in dieser Disziplin. Nun kann man die berechtigte Frage stellen, warum wir in unserer Rubrik auf das Kugelstoßen eingehen und was die Disziplin eigentlich mit Mathematik zu tun haben soll.

Aufgrund der ballistischen Eigenschaften der Kugel (rund und schwer) ähnelt die Flugbahn einer Parabel. Der Luftwiderstand spielt kaum eine Rolle, da die Kugel keine hohen Geschwindigkeiten erreicht.

Im Physikunterricht lernt man, dass, wenn man so weit wie möglich werfen möchte, der optimale Winkel beim schrägen Wurf 45° beträgt. Das müsste demnach auch für das Kugelstoßen gelten. **Aber ist das wirklich so? Was meinst du?**

An dieser Stelle kommt die Mathematik ins Spiel. Zugegebenermaßen brauchen wir auch einige physikalische Gesetzmäßigkeiten. Zunächst einmal benötigen wir eine Gleichung für die Wurfparabel. Wie in Abb. 15.1 zu sehen, kann man die Bewegung der Kugel in eine horizontale Komponente v_x und eine vertikale Komponente v_y zerlegen.

Da in horizontaler Richtung keine Beschleunigung wirkt, handelt es sich bei dieser Teilbewegung um eine gleichförmige Bewegung:

$$x = v_x \cdot t$$

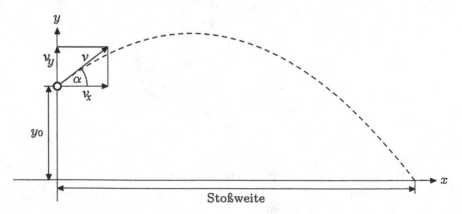

Abb. 15.1 Flugbahn einer Kugel

In vertikaler Richtung ist das etwas schwieriger, weil die Erdanziehungskraft wirkt. Die Geschwindigkeit v_y verändert sich, da die Fallbeschleunigung g die Kugel in vertikaler Richtung abbremst bzw. beschleunigt. Es handelt sich also um eine gleichmäßig beschleunigte Bewegung:

$$y = -\frac{g}{2} \cdot t^2 + v_y \cdot t + y_0$$

Die Zeit ist für beide Bewegungen dieselbe, daher kann man die erste Formel nach t umstellen und in die zweite Formel einsetzen. Somit erhalten wir als Gleichung für die Wurfparabel:

$$y = -\frac{g}{2 \cdot v_x^2} \cdot x^2 + \frac{v_y}{v_x} \cdot x + y_0$$

Wir interessieren uns besonders für den Abwurfwinkel. Im nächsten Schritt wollen wir die Wurfparabel in Abhängigkeit des Abwurfwinkels α aufstellen. Zwischen den Geschwindigkeitskomponenten v_x, v_y und dem Abwurfwinkel α besteht ein trigonometrischer Zusammenhang (siehe Abb. 15.1).

In Bezug auf α ist v_x die Ankathete und v_y die Gegenkathete in einem rechtwinkligen Dreieck. Es gelten demnach

$$\cos\alpha = \frac{v_x}{v} \text{ und } \tan\alpha = \frac{v_y}{v_x}$$

Damit kann man die Geschwindigkeiten in der Wurfparabel (dritte Formel) durch die Winkelbeziehungen ersetzen und erhält final:

$$y = -\frac{g}{2 \cdot v^2 \cdot \cos^2\alpha} \cdot x^2 + \tan\alpha \cdot x + y_0$$

Diese Gleichung für die Wurfparabel kann man nun z. B. in ein Computer-Algebra-System (CAS) eingeben und die Veränderung der Wurfweite in Abhängigkeit vom Abwurfwinkel α untersuchen. Für die Abwurfgeschwindigkeit v und die Abwurfhöhe y_0 findet man im Internet reale Werte (z. B. unter dem ersten OR-Code am Ende des Artikels). **Probiere es selbst mit einem CAS aus**. Falls du kein CAS zur Hand hast, kannst du auch Freeware kostenlos aus dem Netz herunterladen (z. B. unter dem zweiten OR-Code am Ende des Artikels).

Mittels der grafischen Darstellung wie in Abb. 15.2 erkennt man schnell, dass der optimale Winkel deutlich kleiner als 45° sein muss. Dies liegt darin

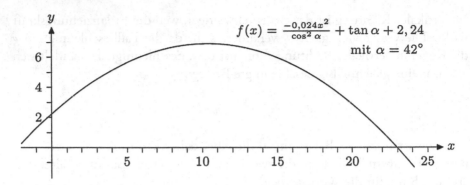

$$f(x) = \frac{-0,024x^2}{\cos^2 \alpha} + \tan \alpha + 2,24$$
$$\text{mit } \alpha = 42°$$

Abb. 15.2 Flugbahn einer Kugel in Abhängigkeit des Winkels

begründet, dass der Abwurfpunkt und der Aufschlagpunkt nicht auf der gleichen Höhe liegen. Der Abwurfwinkel α wird von einer horizontalen Geraden und einer Tangenten an die Wurfparabel bei $x = 0$ aufgespannt. Lässt man nun gedanklich die Tangente entlang der Flugbahn wandern, kann man eine Veränderung des Winkels beobachten. An den Schnittpunkten der Wurfparabel mit der x-Achse beträgt der Winkel sicherlich 45°. Zum Scheitelpunkt hin nimmt der Anstieg ab, damit wird der Betrag des Winkels immer kleiner. Da der Abwurfpunkt über dem Erdboden (x-Achse) liegt, muss der Winkel kleiner als 45° sein. Diese Argumentation stammt von einem Schüler der neunten Klasse, der sich mit der Aufgabe beschäftigt hatte.

Man kann den optimalen Winkel auch exakt bestimmen. Dafür muss man aber noch etwas tiefer in die mathematische Werkzeugkiste greifen. Man kann die Aufgabe als Extremwertproblem betrachten und mit den mächtigen Mitteln der Differenzialrechnung bearbeiten. Dabei erhält man die Zielfunktion, indem man die obige (dritte) Gleichung der Wurfparabel mit Null gleichsetzt. Es ergibt sich eine Funktion der Wurfweite in Abhängigkeit von dem Abwurfwinkel α. Wir bilden die erste Ableitung dieser Funktion und setzen sie gleich Null. Nach der Überprüfung der Extrema mittels der zweiten Ableitung erhält man die Gewissheit, dass es sich um ein Maximum handelt. Wenn das skizzierte Vorgehen klar ist, können die Berechnungen ebenfalls einem CAS überlassen werden (siehe Abb. 15.3).

Der optimale Winkel liegt bei ca. 42,21°. In der Tat ist das eine relevante Information, die Spitzensportler im Training berücksichtigen. Mittels einer Videoanalyse arbeiten sie an ihrem individuellen Abwurfwinkeln. Folgt man

$$f5(x):=\frac{-0.024 \cdot x^2}{(\cos(b))^2}+\tan(b) \cdot x+2.24 \qquad \textit{Fertig}$$

$$\text{solve}(f5(x)=0,x)$$

$$x=-20.8333 \cdot \left(\sqrt{(\sin(b))^2+0.21504}-\sin(b)\right) \cdot \cos(b) \text{ or } x=20.8333 \cdot \left(\sqrt{(\sin(b))^2+0.21504}+\sin(b)\right) \cdot \cos(b)$$

$$f6(b):=20.8333 \cdot \left(\sqrt{(\sin(b))^2+0.21504}+\sin(b)\right) \cdot \cos(b) \qquad \textit{Fertig}$$

$$\frac{d}{db}(f6(b)) \qquad \frac{20.8333 \cdot \left(\sqrt{(\sin(b))^2+0.21504}+\sin(b)\right) \cdot \left((\cos(b))^2-\sin(b) \cdot \sqrt{(\sin(b))^2+0.21504}\right)}{\sqrt{(\sin(b))^2+0.21504}}$$

$$\text{solve}\left(0=\frac{20.8333 \cdot \left(\sqrt{(\sin(b))^2+0.21504}+\sin(b)\right) \cdot \left((\cos(b))^2-\sin(b) \cdot \sqrt{(\sin(b))^2+0.21504}\right)}{\sqrt{(\sin(b))^2+0.21504}},b\right)$$

$$b=2 \cdot n1 \cdot \pi+0.736781 \text{ or } b=2 \cdot n1 \cdot \pi+2.40481$$

$$b=\frac{180 \cdot 0.73678070546422}{\pi} \text{ or } b=\frac{180 \cdot 2.404811948125}{\pi} \qquad b=42.2144 \text{ or } b=137.786$$

Abb. 15.3 Berechnungen des optimalen Winkels mittels CAS

dem dritten QR-Code am Ende des Artikels, gelangt man zu einem Video eines Nachwuchssportlers aus dem sich der Abwurfwinkel mittels Messung leicht bestimmen lässt. Probiere es aus! **Was kannst du dem Nachwuchssportler mit auf dem Weg geben?**

Des Weiteren kommt hinzu, dass die Kraftentwicklung entscheidend ist, um der Kugel eine möglichst hohe Geschwindigkeit mitzugeben. Aufgrund der Ergonometrie und der Muskelgeometrie der menschlichen Anatomie ist ein Abwurfwinkel unter 40° noch besser, da die relevanten Muskelgruppen in diesem Bereich die meiste Kraft entwickeln können. Wenn ihr also wieder mal im Sportunterricht Kugelstoßen übt: Die Kugel immer schön flach halten. ☺

Knobelei

Die Bestweiten beim Kugelstoßen liegen um die 23 m, beim Speerwurf liegen sie um die 100 m. Was bedeutet das in Bezug auf den optimalen Abwurfwinkel beim Speerwurf?

QR-CODE: LEICHTATHLETIK.DE

QR-CODE: GEOGEBRA.ORG

QR-CODE: BEISPIELVIDEO KUGELSTOSS

16

Über Tische und Bänke

Matthias Müller

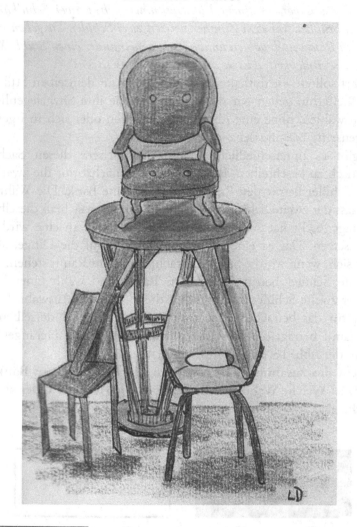

M. Müller (✉)
Abteilung für Didaktik der Mathematik und Informatik,
FSU Jena, Jena, Deutschland
E-Mail: matthias.mueller.2@uni-jena.de

© Springer Fachmedien Wiesbaden GmbH 2017
M. Müller (Hrsg.), *Überraschende Mathematische Kurzgeschichten*,
DOI 10.1007/978-3-658-13895-0_16

Ein Freund und Kollege stellte mir vor einiger Zeit eine Aufgabe, die ich bisher noch nicht kannte. Mein Ehrgeiz war geweckt und bei den Überlegungen zu der Problemstellung wurde mir klar, dass diese Aufgabe einen wichtigen Sachverhalt der Wahrscheinlichkeitsrechnung verdeutlicht. Die mathematischen Hintergründe sind bedeutend und besitzen einen praxisrelevanten Bezug. Worum geht es nun bei der Aufgabe?

Stellen wir uns vor, in einem Klassenzimmer stehen zwei Schulbänke mit jeweils zwei Stühlen. Vor dem Zimmer warten zwei Schüler. Sie gehen nacheinander in den Raum und wählen unabhängig voneinander einen Stuhl. Wie hoch ist die Wahrscheinlichkeit, dass sie an derselben Bank sitzen?

Zunächst sollten wir festhalten, dass sie nicht auf demselben Stuhl sitzen können. Weiterhin gehen wir davon aus, dass sie ihre Sitzgelegenheit rein zufällig auswählen, ohne eine Absprache zu treffen oder sich in irgendeiner Form gegenseitig beeinflussen.

Nun gibt es unterschiedliche Herangehensweisen, diesen Sachverhalt mathematisch zu beschreiben. Betrachten wir zunächst nur die zwei Bänke. Der erste Schüler betritt den Raum und wählt eine Bank. Die Wahrscheinlichkeit, dass der zweite Schüler nach seinem Eintreten sich an dieselbe Bank setzt, beträgt ½. Er hat zwei Bänke zur Auswahl und an eine wird er sich sicherlich setzen. Das ist eine elegante Sichtweise auf die Dinge, aber wie verhält es sich, wenn wir die Stühle betrachten, die im Raum stehen?

Der erste Schüler betritt wieder den Raum und wählt einen der vier Stühle. Der zweite Schüler folgt und hat drei Stühle zur Auswahl. Einer der Stühle ist für das betrachtete Ereignis (beide Schüler an derselben Bank) günstig, damit beträgt die Wahrscheinlichkeit 1/3. Beide Herangehensweisen sind in der Abb. 16.1 grafisch veranschaulicht.

Wie geht das zusammen? Ist es ein Unterschied, ob man Bänke oder Stühle zählt? Welche Wahrscheinlichkeit ist die richtige? Oder sind etwa beide richtig?

Abb. 16.1 Zwei Tische mit 4 Stühlen

Um diese Fragen zu klären, müssen wir uns genauer mit der Situation auseinandersetzen. Überlegen wir zunächst, was passiert, wenn man weitere Stühle dazu stellt. Bei der ersten Betrachtungsweise beschränken wir uns auf die Anzahl der Bänke, diese bleibt aber unverändert, wenn man weitere Stühle in den Raum stellt. Die Wahrscheinlichkeit in diesem Fall bleibt also konstant bei ½, egal wie viele Stühle ich dazu stelle. Es lässt sich erahnen, dass die zweite Betrachtungsweise, bei der man den Fokus auf die Stühle legt, sicherlich etwas komplizierter ist. Beginnen wir zunächst mit 3 Stühlen pro Bank. Der erste Schüler betritt den Raum, wählt einen der 6 Stühle und wartet. Dem zweiten Schüler bieten sich jetzt 5 Stühle, von denen 2 günstig sind. Die Wahrscheinlichkeit beträgt demnach 2/5. Stellen wir einen weiteren Stuhl an jede Bank, verändert sich für den ersten Schüler nichts und der zweite Schüler kann zwischen 7 Stühlen wählen, wovon 3 Stühle günstig wären. Es fällt auf, dass die Wahrscheinlichkeiten immer größer werden:

$$\frac{1}{3} < \frac{2}{5} < \frac{3}{7}$$

Wie lässt sich diese Folge fortsetzen? Für weitere Hinweise kann man einfach gedanklich immer einen Stuhl dazu stellen. Welche Zahlen stehen immer im Zähler und welche immer im Nenner?

In welchem Zusammenhang stehen die entsprechenden Zahlenbereiche mit den folgenden Ausführungen?

Untersuchen wir den allgemeinen Fall, bezeichnen wir die Anzahl der Stühle mit n. Unser zweiter Schüler hat, wenn er den Raum betritt, an der einen Bank n Plätze und an der anderen $(n - 1)$ Plätze zur Verfügung, zusammen sind das $2n - 1$ Plätze. Eine einfache Veranschaulichung bietet die Abb. 16.2 Für die günstigen Plätze gibt es $(n - 1)$ Möglichkeiten, somit

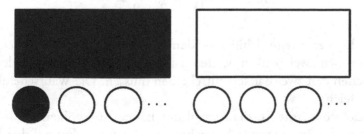

Abb. 16.2 Zwei Tische mit drei oder mehr Stühlen

beträgt die Wahrscheinlichkeit $\frac{n-1}{2n-1}$. Dieser Term hilft uns, die Wahrscheinlichkeiten für 100, 1000 und 10000 Stühle zu berechnen:

$$\frac{99}{199} < \frac{999}{1999} < \frac{9999}{19999} \approx 0,499975$$

An dieser Stelle erinnern wir uns an die Betrachtungsweise mit Fokus auf den Bänken, dabei lag die Wahrscheinlichkeit immer konstant bei ½. Erhöht man die Anzahl der Stühle weiter, nähert sich die Wahrscheinlichkeit immer näher ½ an, aber übersteigt sie nie. Es drängt sich die Vermutung auf, dass die Betrachtungsweise mit dem Fokus auf den Bänken den Fall mit unendlich vielen Stühlen widerspiegelt. Mit den Mitteln der Analysis kann man diesen Fall handhabbar machen. Gegeben ist die Folge $\frac{n-1}{2n-1}$, wobei n immer größer wird und gegen unendlich läuft. Die mathematische Kurzschreibweise lautet $\lim\limits_{n\to\infty} \frac{n-1}{2n-1}$.

Die Abkürzung lim steht für Limes und bezieht sich auf den antiken römischen Grenzwall. Das ist sprachlich passend, da es darum geht, den mathematischen Grenzwert zu bestimmen.

Um diesen Grenzwert zu berechnen, benutzt man eine gängige Umformung, man klammert das n aus und kürzt es im Zähler wie auch im Nenner:

$$\lim_{n\to\infty} \frac{n-1}{2n-1} = \lim_{n\to\infty} \frac{n(1-\frac{1}{n})}{n(2-\frac{1}{n})} = \lim_{n\to\infty} \frac{(1-\frac{1}{n})}{(2-\frac{1}{n})}.$$

Auf die folgende Argumentation muss man sich einlassen. Betrachtet man den Term *1/n* für große n, ist dieser betragsmäßig klein. Je größer das n, desto kleiner der Betrag. Für n gegen unendlich strebt der Term gegen 0. Das bedeutet:

$$\lim_{n\to\infty} \frac{(1-\frac{1}{n})}{(2-\frac{1}{n})} = \frac{1-0}{2-0} = \frac{1}{2}.$$

Könnte also der zweite Schüler in dem Raum zwischen unendlich vielen Stühlen an den zwei Bänken wählen, ist dies das Gleiche, als würde er sich nur zwischen den zwei Bänken entscheiden müssen. Die Wahrscheinlichkeiten sind gleich.

Der nächste Schritt ist, die Anzahl der Bänke zu erhöhen. Es ist schnell einzusehen, dass in der ersten Betrachtungsweise mit Fokus auf den Bänken die Wahrscheinlichkeit, die besetzte Bank zu treffen, direkt mit der Anzahl der Bänke abnimmt. Bei drei Bänken ist die Wahrscheinlichkeit, dass der Schüler die passende Bank wählt, 1/3; bei 4 Bänken liegt sie bei 1/4 usw. Bei

p Bänken beträgt die Wahrscheinlichkeit schließlich *1/p*. Wenn wir wieder die Stühle betrachten, ist es spannend, gleich zum allgemeinen Fall mit n Stühlen und p Bänken zu kommen. Im obigen Term ging die Anzahl der Bänke im Nenner mit ein. Die zwei Bänke werden durch die 2 repräsentiert. Ersetzen wir die 2 durch p, ergibt sich

$$\frac{n-1}{p \cdot n - 1}$$

Wenn wir n wieder gegen unendlich laufen lassen, kann die gesamte Argumentation analog erfolgen, da die Anzahl der Bänke p unabhängig von der Anzahl der Stühle ist:

$$\lim_{n\to\infty} \frac{n-1}{p \cdot n - 1} = \lim_{n\to\infty} \frac{n(1-\frac{1}{n})}{n(p-\frac{1}{n})} = \lim_{n\to\infty} \frac{(1-\frac{1}{n})}{(p-\frac{1}{n})} = \frac{1-0}{p-0} = \frac{1}{p}.$$

Diese Berechnung zeigt, dass die bloße Betrachtung der Bänke im Raum dem Fall von unendlich vielen Stühlen an jeder Bank entspricht. Dies ist unabhängig von der Anzahl der Bänke. Damit führt diese kleine Aufgabe direkt zu einem bedeutenden Zusammenhang innerhalb der Stochastik. Wenn wir auf unsere eingangs gestellten Fragen zurückkommen, können wir festhalten, dass beide Betrachtungen zulässig und die unterschiedlichen Wahrscheinlichkeiten im jeweiligen Kontext richtig sind. Man muss sich den qualitativen Unterschied zwischen den beiden Betrachtungsweisen klarmachen. Für die folgende Argumentation kann man sich eine Urne vorstellen, wobei die Bänke bzw. Stühle die Kugeln in der Urne darstellen, die gezogen werden. Wenn man nur die Bänke berücksichtigt, müssen für den zweiten Schüler zwei Kugeln in der Urne liegen, wobei die eine nach der Wahl des ersten Schülers zurückgelegt wurde. Bei der Betrachtung mit Fokus auf den Stühlen sind vier Kugeln in der Urne, jeweils zwei Kugeln haben dieselbe Farbe. Der erste Schüler zieht eine Kugel, welche nicht zurückgelegt wird, für den zweiten Schüler verbleiben 3 Kugeln in der Urne. **Versuche, die obigen Wahrscheinlichkeiten mit den angesprochenen Urnen-Modellen in Einklang zu bringen.**

Das ist der entscheidende Unterschied, über den die Aufgabenstellung keine Aussage macht. Es ist ein Unterschied, ob man bei der Auswahl die gewählten Objekte behält oder zurück in den Pool legt. Allerdings verschwindet dieser Unterschied, wenn man den Pool, das n, genügend groß wählt. In unserem Fall waren das die Stühle. Schon in unserem Beispiel ist deutlich geworden, dass es komplizierter wird, wenn die Auswahl (die

Stichprobe) nicht zurücklegt wird. Es ist daher praktikabel, bei der mathematischen Modellierung realer Problemstellungen eher davon auszugehen, dass man die Auswahl zurücklegt, als dass man sie einbehält. Diese Überlegung hat ganz praktische Folgen. Bei der Kontrolle von Waren zieht man eine Stichprobe, ohne die ausgewählten Objekte zurückzulegen. Bei der Berechnung der Irrtumswahrscheinlichkeit geht man davon aus, dass man sie aber jeweils zurückgelegt hätte. Eigentlich müsste man die Objekte einzeln ziehen und zurücklegen, bevor man das nächste Objekt zieht. Der geschilderte Fehler ist, wie die obigen Überlegungen andeuten, bei großen Stückzahlen und kleinen Stichprobenumfängen zu vernachlässigen.

Knobelei

Bei der beschriebenen Aufgabe haben wir die Anzahl der Bänke und Schüler verändert und jeweils den allgemeinen Fall betrachtet. Was passiert, wenn man die Anzahl an Schülern erhöht?

Der Satz von Bayes

Eine ähnliche Fragestellung wurde schon in einem früheren Artikel „Anmerkung zum Artikel Schlaue Leute werden durch die Fehler von anderen klug" von Benjamin Scharf behandelt. In dem Beitrag bezieht sich Benjamin auf eine Aufgabenstellungen aus einem Artikel der Reihe „Schlaue Leute werden durch die Fehler von anderen klug" von Attila Furdek. Darin wird folgendes Problem gestellt:

Ein Ehepaar hat zwei Kinder. Es ist bekannt, dass eines der Kinder ein Sohn ist. Wie groß ist die Wahrscheinlichkeit, dass dieser Junge eine Schwester hat? Anmerkung: Es wird angenommen, dass gleich viele Jungen wie Mädchen geboren werden.

Die Antwort im Artikel lautete $\frac{1}{3}$.

Diese Frage wurde vor einigen Dekaden von Martin Gardner bekannt gemacht. Doch er selbst musste später feststellen, dass die Frage nicht eindeutig gestellt war. Ein wesentlicher (und gerne unterschlagener Punkt) ist nämlich, woher die Information stammt.

Man kann sich wenigstens drei verschiedene Arten für die Herkunft der Information vorstellen:

1. Die direkte Frage an die Eltern: „Habt ihr mindestens einen Jungen"?
2. Man sieht genau einen Sohn gemeinsam mit den Eltern.

3. Man sieht die Eltern z. B. beim Elternabend einer reinen Jungenschule oder auf den Zuschauertribünen einer Jungenfußballmannschaft.

Im ersten Fall beträgt die Wahrscheinlichkeit, dass es sich um gemischte Kinder handelt, gerade wie im Artikel $\frac{1}{3}$, im zweiten und dritten Fall beträgt die Wahrscheinlichkeit allerdings nur $\frac{1}{2}$.

Haben die Eltern nämlich zwei Jungen, so gehen die Eltern auch zu zwei Elternabenden bzw. zu zwei Fußballspielen (wenn die Kinder nicht gerade in der gleichen Klasse bzw. Mannschaft sind), während sie bei einem Jungen und einem Mädchen nur zu einem dieser gehen würden. Es gibt also doppelt so oft das Duo Junge-Mädchen wie das Duo Junge-Junge, aber Junge-Junge sieht man auch doppelt so oft.

Betrachten wir nun dieses Problem wahrscheinlichkeitstheoretisch mit dem Satz von Bayes. Sei BB das Ereignis, dass zwei Jungen in der Familie sind, und IB die Information, dass sich ein Junge in der Familie befindet. Dann gilt für die Wahrscheinlichkeit von BB, wenn IB eingetreten ist

$$P(BB|IB) = \frac{P(IB|BB) \cdot P(BB)}{P(IB)} = \frac{1}{4P(IB)}$$

Denn $P(IB|BB) = 1$, was bedeutet, dass bei zwei Jungs angegeben wird, dass ein Junge dabei ist, und $P(BB) = \frac{1}{4}$ nach der Annahme der gleichen Geburtenzahlen von Jungen und Mädchen.

Nun errechnet sich P(IB) mithilfe der totalen Wahrscheinlichkeit zu

$$P(IB) = P(IB|BB) \cdot P(BB) + P(IB|GG) \cdot P(GG) + P(IB|GB) \cdot P(GB)$$

Dabei ist GG das Ereignis, dass die Familie zwei Mädchen hat, und GB das Ereignis, dass die Familie ein Mädchen und einen Jungen hat. Unter Beachtung der Geburtenannahme folgt somit

$$P(IB) = \frac{1}{4} + 0 + \frac{P(IB \mid GB)}{2} \Rightarrow P\big(BB \mid IB\big) = \frac{1}{1 + 2P(IB \mid GB)}$$

Nun kommt es darauf an, wie groß die Wahrscheinlichkeit $P(IB|GB)$ ist. Bei der Information, die anhand der ersten Frage entsteht, ist $P(IB|GB) = 1$ und somit $P(BB|IB) = \frac{1}{3}$.

Bei der zweiten und dritten Frage ist jedoch $P(IB|GB) = \frac{1}{2}$.

Dies muss man so verstehen, dass man die Eltern ja auch mit dem Mädchen hätte sehen können, das heißt, dass die Alternative „Die Eltern haben eine Tochter" gegeben ist.

Ein weiteres Beispiel

Tom würfelt mit zwei Würfeln. Anna sieht unter den Würfelbecher und teilt Tom mit, dass eine der Zahlen eine 5 ist. Wie groß ist die Chance, dass er einen Pasch (zwei gleiche Zahlen) gewürfelt hat?

Die naive Herleitung sieht wie folgt aus: „Es gibt 11 Möglichkeiten, eine 5 bei zwei Würfeln dabei zu haben, aber nur eine davon ist ein Pasch. Also ist die Wahrscheinlichkeit $\frac{1}{11}$."

Doch dies wirkt auf den zweiten Blick irgendwie paradox: Schließlich sagt einem der gesunde Menschenverstand, dass die Ursprungswahrscheinlichkeit von $\frac{1}{6}$ durch die Information nicht beeinflusst wird. Auch hier basiert der vermeintliche Widerspruch wieder auf dem Problem, wie die Information gegeben wird. Wir betrachten einige Beispiele:

1. Anna nennt zufällig eine der Zahlen, die gewürfelt wurden. Sie nennt die Zahl 5.
2. Anna nennt die erste (oder zweite) der Zahlen, die gewürfelt wurden. Sie nennt die Zahl 5.
3. Anna antwortet wahrheitsgemäß auf die Frage: „Ist mindestens eine 5 dabei?"

Betrachten wir dazu die Bayes-Formel wie im ersten Beispiel. Diesmal ist BB die Wahrscheinlichkeit, dass zweimal die 5 gewürfelt wurde, IB die Information über die 5 usw. Man sieht, dass die Bedeutungen denen unserer Aufgabe entsprechen, nur diesmal sind die Wahrscheinlichkeiten anders. Wir erhalten

$$P(IB) = P(IB|BB) \cdot P(BB) + P(IB|GG) \cdot P(GG) + P(IB|GB) \cdot P(GB)$$

$$= \frac{1}{36} + 0 + \frac{10}{36} \cdot P(IB|GB)$$

und somit

$$P(BB|IB) = \frac{1}{1 + 10 \cdot P(IB|GB)}$$

Schauen wir nun auf die dritte Möglichkeit. Dann ist $P(IB|GB) = 1$, da immer, wenn eine 5 dabei ist, sie auch genannt werden muss. Man kommt also auf die Wahrscheinlichkeit $\frac{1}{11}$.

Damit sinkt die Wahrscheinlichkeit für einen 5-er Pasch durch die Information. Wird allerdings angesagt, dass keine 5 dabei ist, so steigt die Wahrscheinlichkeit für einen anderen Pasch: Es gibt 5 andere Paschs, aber nur insgesamt 25 Fälle, in denen gar keine 5 auftritt. Somit steigt die Wahrscheinlichkeit auf $\frac{1}{5}$. Die Information ist also essenziell.

Bei der ersten und zweiten Frage dagegen beträgt die Wahrscheinlichkeit $P(IB|GB) = \frac{1}{2}$, da nur eineder beiden Zahlen eine 5 ist. Somit ist die Wahrscheinlichkeit wie erwartet $\frac{1}{6}$ und die Information Annas hat auf die Wahrscheinlichkeit eines Paschs keinen Einfluss. Nun kann man sich überlegen, wie sich die Wahrscheinlichkeiten ändern, wenn Anna nach anderen Regeln verfährt – siehe dazu die folgende Knobelei.

Knobelei

Tom würfelt mit zwei Würfeln. Anna sieht unter den Würfelbecher und teilt Tom mit, was sie sieht. Wie groß ist die Wahrscheinlichkeit, dass Tom einen Fünferpasch gewürfelt hat, wenn Anna eine 5 ansagt, wobei sie nach folgender Regel verfährt: Von den 2 Ziffern auf den Würfeln sagt sie ...

a) immer die größte an,
b) immer die kleinste an,
c) den Durchschnitt beider an?

17

Nicht euklidische Geometrien: Wie viele Parallelen gibt es eigentlich zu einer Geraden?

Kinga Szücs

K. Szücs (✉)
FSU Jena, Jena, Deutschland
E-Mail: kinga.szuecs@uni-jena.de

© Springer Fachmedien Wiesbaden GmbH 2017
M. Müller (Hrsg.), *Überraschende Mathematische Kurzgeschichten*,
DOI 10.1007/978-3-658-13895-0_17

Wie ihr euch vielleicht erinnern könnt, sind wir bei der Beschäftigung mit der Mächtigkeit der rationalen und reellen Zahlen auf sehr merkwürdige, fast unglaubliche Ergebnisse gestoßen (siehe Beiträge 6 und 9 in diesem Band). In der Geometrie ist es nicht anders:

Man kann Zusammenhänge finden, die der Alltagsvorstellung von geometrischen Objekten ganz widersprechen. Heute wollen wir einem der berühmtesten Probleme der Mathematik nachgehen, nämlich der Frage nach der Anzahl der Parallelen zu einer Geraden.

Das Problem geht auf die Antike zurück, als Euklid[1] in seinem berühmten Buch *Die Elemente* geometrische Postulate formulierte. Der Inhalt dieses berühmten und für die Mathematik äußerst wichtigen Buches ist online verfügbar und finden sich unter dem QR-Code am Ende des Artikels.

Postulat bedeutete damals eine Aussage, deren Wahrheit die Gesprächspartner beide akzeptieren, aber über deren Zulassung man diskutieren kann. Dahingegen bedeutete Axiom eine Aussage, deren Wahrheit unbestreitbar ist. Heute macht man in der Mathematik keinen Unterschied zwischen Axiom und Postulat, aber damals existierte noch diese Unterscheidung. Wir verwenden heute das Wort Axiom, denken dabei aber an die ursprüngliche Bedeutung von Postulat! Zwei der von Euklid formulierten Postulate lauten sinngemäß:

1) Zu zwei gegebenen Punkten gibt es genau eine Gerade, die beide beinhaltet.
…
5) Zwei gegebene Geraden schneiden sich auf der Seite einer dritten Geraden, auf der die Summe der durch den Schnitt mit dieser Geraden entstandenen zwei inneren Winkeln weniger als 180° ist.

Das fünfte Postulat wird als Parallelenpostulat bezeichnet und ist in Abb. 17.1 dargestellt. Die durchgezogenen Linien sind die beiden gegebenen Geraden, welche sich rechts von der gestrichelten Linie schneiden, da die Summe der beiden eingezeichneten Winkel kleiner als 180° ist.

Diese Aussage bedeutet mit anderen Worten, dass es zu einer Geraden höchstens eine Parallele durch einen außerhalb ihr liegenden Punkt gibt. Denn nur, wenn die durch den Schnitt entstandenen inneren Winkel in Summe genau 180° betragen, schneiden sich die Geraden weder auf der linken noch auf der rechten Seite, sind also parallel zueinander (siehe Abb. 17.2). Auch deswegen der berühmt gewordene Name: Parallelenpostulat.

---

[1]Griechischer Mathematiker in Alexandria, ca. 360 bis ca. 290 v. Chr.

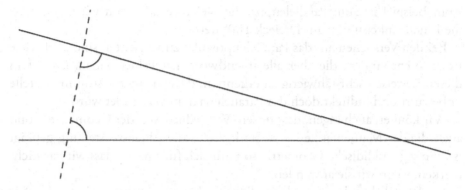

Abb. 17.1 Parallenpostulat – Schneidende Geraden

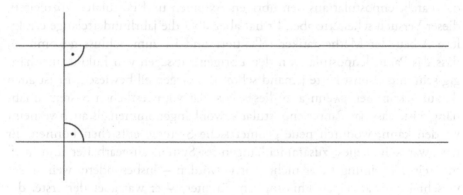

Abb. 17.2 Parallenpostulat – Parallen

Aus den restlichen Axiomen, Definitionen und Postulaten, die Euklid formuliert hat, lässt sich nachweisen, dass zu einer Geraden durch einen ihr außerhalb liegenden Punkt mindestens eine Parallele existiert. Unter Einbezug des Parallenpostulates, kann man also sagen, dass zu einer Geraden durch einen außerhalb liegenden Punkt genau eine Parallele zu errichten ist, was unserer alltäglichen Vorstellung entspricht.

Die Mathematiker hat aber das Parallelenpostulat jahrhundertelang nicht in Ruhe gelassen. Sie haben immer so empfunden, dass dieses Postulat viel zu lang und umständlich ist, und haben vermutet, dass man es aus den anderen Axiomen und Postulaten ableiten kann. Sie haben also immer wieder versucht, mithilfe der anderen Axiome und Postulate das Parallelenpostulat zu beweisen, was zu keinem richtigen Ergebnis geführt hat.

Oder doch: Es sind viele gleichwertige Aussagen entstanden, die letztendlich dasselbe besagen, wie das Parallelenpostulat. In der Mathematik verwendet man für solche Formulierungen auch das Wort *Äquivalente Aussagen.*

Zum Beispiel ist zum Parallelenpostulat gleichwertig, wenn wir sagen, dass die Innenwinkelsumme im Dreieck 180° beträgt.

Bei den Versuchen auf das Parallelenpostulat zu verzichten sind auch viele Beweise entstanden, die aber alle irgendwo einen Fehler haben. Oft ist in diesen Beweisen sehr schwierig zu erkennen, dass an einer bestimmten Stelle unbewusst und indirekt doch das Parallelenaxiom verwendet wurde.

Wir können auch sagen, dass unsere Vorstellung von der Geometrie – und auch die der Mathematiker! – so stark durch die Alltagsvorstellung geprägt ist, die sog. euklidische Geometrie so natürlich für uns ist, dass wir gar nicht merken, wenn wir sie anwenden.

Im 19. Jahrhundert war dann die Zeit für neue Erkenntnisse reif. Wie viele Mathematiker damals, hat auch Carl Friedrich Gauß[2] zuerst versucht, das Parallelenpostulat aus den übrigen Axiomen und Postulaten abzuleiten, dieser Versuch scheiterte aber. Er hat aber über die jahrhundertelange erfolglose Arbeit der Mathematiker reflektiert und ist zum Schluss gekommen, dass das Parallelenpostulat von den übrigen Aussagen von Euklid unabhängig sein muss, sonst hätte jemand schon das Gegenteil bewiesen. Er ist auch darauf gekommen, wenn also dieses Postulat vom restlichen System unabhängig ist, dass das Parallelenpostulat sowohl angenommen als auch verneint werden kann, wodurch neue geometrische Systeme entstehen können. Er hat zwar kein neues, zusammenhängendes System ausgearbeitet und auch mit seiner Meinung ist er nicht laut geworden – insbesondere, weil er das Geschrei der damaligen Philosophen fürchtete – er war aber der erste, der erkannt hat, dass neben der euklidischen Geometrie auch andere Geometrien existieren können.

Die erste Ausarbeitung nicht euklidischer Geometrien gelang etwa gleichzeitig um 1830 unabhängig voneinander zwei jungen Mathematikern in Ungarn bzw. in Russland: János Bolyai und Nikolai Iwanowitsch Lobatschewski. Beide haben die Theorie von Geometrien ausgearbeitet, in denen mehrere Parallelen zu einer Geraden durch einen äußeren Punkt existieren. Solche Geometrien nennt man *hyperbolische Geometrien,* da in diesen Systemen die Rolle der trigonometrischen Funktionen die sogenannten hyperbolischen Funktionen übernehmen.

Die theoretischen Ausführungen sind zwar relativ schwierig, Felix Klein[3] entwickelte aber ein konkretes Modell der ebenen hyperbolischen Geometrie (in Anlehnung an die Arbeiten von Beltrami und Cayley, deswegen findet

[2]deutscher Mathematiker, 1777–1855.
[3]deutscher Mathematiker, 1849–1925.

Abb. 17.3 Kleinsches
Scheibenmodell

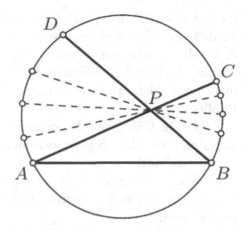

man oft die Bezeichnung *Beltrami-Klein-Modell* oder *Cayley-Klein-Modell*),
das gut nachvollziehbar ist:

Die Ebene ist eine offene Kreisscheibe, die Punkte der Ebene sind die
Punkte der Kreisscheibe ohne ihren Rand. Geraden sind die Sehnen des
Kreises, jeweils also offene Strecken. Betrachtet man nun eine Gerade (in
der Abb. 17.3 die Sehne AB) und einen Punkt P außerhalb der Geraden, so
kann man unendlich viele Geraden errichten, die AB nicht schneiden und
demzufolge zu ihr parallel sind.

Das sind nämlich alle Sehnen, deren Anfangspunkt auf dem *geschlossenen*
Kreisbogen AD liegt und die durch P gehen, dann liegen die Endpunkte auf
dem *geschlossenen* Bogen BC. Wohlgemerkt, die Anfangs- und Endpunkte
der Sehnen gehören nicht zur Geraden. In diesem System gelten alle Axiome
und Postulate von Euklid, bis auf das Parallelenpostulat.

**Kannst du die Gültigkeit des ersten Postulats von Euklid zeigen? Näm-
lich dass durch zwei beliebige (voneinander verschiedene) Punkte genau
eine Gerade verläuft?**

Gerade die Winkelmessung ist sehr kompliziert in diesem Modell, aber
im Allgemeinen kann man behaupten, dass in hyperbolischen Geometrien
die Winkelsumme im Dreieck kleiner ist als 180°.

Riemann[4] entwickelte ein anderes geometrisches Modell, ein Modell der
sogenannten *elliptischen Geometrie:*

Die Ebene besteht dabei aus den Punkten der Kugeloberfläche, genauer
gesagt Punktepaare, die *diametral* liegen, d. h., zwei (euklidische) Punkte,

---

[4]Bernhard Riemann (1826–1866), deutscher Mathematiker.

die auf einem Durchmesser liegen, bilden einen Punkt in diesem neuen Modell. Geraden sind die sogenannten Großkreise der Kugeloberfläche, d. h. solche Kreise, deren Mittelpunkt mit dem Kugelmittelpunkt übereinstimmt. Auch in diesem System funktioniert ein Großteil des Axiomensystems von Euklid, es gelten aber nicht alle Axiome und Postulate außer des Parallelenpostulats.

Zeige die Gültigkeit des ersten Postulats in dieser Geometrie, also dass durch zwei beliebige (voneinander verschiedene) Punkte genau eine Gerade verläuft!

In dieser Geometrie gibt es keine parallele Gerade zu einer vorgegebenen Geraden durch einen außerhalb ihr liegenden Punkt. **Kannst du begründen, warum?**

Auch die Winkelsumme im Dreieck ist ganz anders als gewohnt. Man findet schnell Dreiecke, in denen zwei oder sogar drei rechte Winkel existieren (denke z. B. an den Äquator und an zwei Längenkreise auf der Erdoberfläche), womit sofort klar wird, dass die Innenwinkelsumme im Dreieck in der elliptischen Geometrie größer als 180° ist. Die nachfolgende Tabelle gibt nochmals einen Überblick über die verschiedenen, nebeneinander existierenden Geometrien (Tab. 17.1):

Tab. 17.1 Typen von Geometrien

Elliptische Geometrien	Parabolische Geometrien	Hyperbolische Geometrien
Keine Parallele	Genau eine Parallele	Unendlich viele Parallelen
Innenwinkelsumme im Dreieck > 180°	Innenwinkelsumme im Dreieck = 180°	Innenwinkelsumme im Dreieck < 180°
z. B. Riemannsche Geometrie	z. B. Euklidische Geometrie	z. B. Bolyai-Lobatschewski-Geometrie

Ein Vergleich verschiedener Typen von Geometrien in Bezug auf die Anzahl von Parallelen durch einen gegeben Punkt und der Innenwinkelsumme im Dreieck. Es ist jeweils ein Beispiel für eine Geometrie angegeben

Abschließend sei noch das gute Buch „5000 Jahre Geometrie. Geschichten, Kulturen, Menschen" [1] all denjenigen empfohlen, die noch tiefer in die Historie eindringen wollten.

QR-CODE: ELEMENTE von EUKLID

Literatur

1.   Scriba, J. C., & Schreiber, P. (2009). *5000 Jahre Geometrie. Geschichte, Kulturen, Menschen*. Berlin: Springer.

18

Das Nim-Spiel – Gewinnen gegen den Wirtschaftsminister

Marlis Bärthel

M. Bärthel (✉)
FSU Jena, Jena, Deutschland
E-Mail: marlis.baerthel@uni-jena.de

© Springer Fachmedien Wiesbaden GmbH 2017
M. Müller (Hrsg.), *Überraschende Mathematische Kurzgeschichten*,
DOI 10.1007/978-3-658-13895-0_18

Geschichtliches

Spiele und Spielen sind seit jeher ein fester Bestandteil menschlichen Zusammenlebens. Den verschiedenen Varianten und Ausprägungen von Spielen sind dabei kaum Grenzen gesetzt. In jüngerer Zeit hat vor allem auch die digitale Revolution die Spielewelt beeinflusst. Computerspiele – ebenfalls in allen nur denkbaren Ausgestaltungen – haben längst den Markt erobert. Nicht jedem mag diese Entwicklung geheuer erscheinen, doch sie ist zweifelsohne Teil der Geschichte des Konzeptes *Spielen* geworden. Im vergangen Jahr hat sich das Nachrichten-Magazin *Der Spiegel* innerhalb des lesenswerten Artikels „Du sollst spielen!" mit Chancen und Risiken von Computerspielen auseinandergesetzt. Auf dem Titelblatt der Ausgabe war zu lesen:

> Spielen macht klug. Warum Computerspiele besser sind als ihr Ruf (Der Spiegel, 3/2014).

Ganz im Sinne dieses Mottos wollen wir uns mit einem Spiel beschäftigen, das unter dem Namen Nim-Spiel bekannt geworden ist. Vermutlich würde dem Leser dieses Spiel nicht sofort beim Gedanken an Computerspiele einfallen, dennoch nimmt es in der Geschichte der Computerspiele eine beachtenswerte Position ein. Über das ursprüngliche Alter und die erste Formulierung des Nim-Spiels herrscht zwar Uneinigkeit, jedoch ist es als eines der ersten umgesetzten Computerspiele, etwa um 1940, in die Geschichte eingegangen. Zur Geschichte des Nim-Spiel kann man in dem Buch „Glück, Logik und Bluff" [1] weiterlesen.

Im Berliner *Computerspielemuseum* kann man den elektronischen Rechner *Nimrod* besichtigen, der 1951 auf der Industrieausstellung in West-Berlin im Nim-Spiel gegen mutige Besucher antrat. Wenn man dem QR-Code am Ende des Artikels folgt gelangt man auf die Internetseite des Computerspielemuseums und zu Nimrod.

Bekannt geworden ist *Nimrod* unter anderem wegen der folgenden Anekdote mit dem damaligen westdeutschen Bundesminister für Wirtschaft Ludwig Erhard. Diese kann unter [1] nach gelesen werden.

> Den Nimrod hat sich auch der damalige Wirtschaftsminister Erhard angeschaut und gedacht, er kann's. Konnte er aber nicht. Nimrod schlug ihn. Der alte Bundeskanzler Adenauer [sah] sich das Ganze an und lacht[e] sich eins. So war das.

Das Nim-Spiel ist vor allem angesichts zweier Punkte interessant und populär. Zum einen hat es sehr einfache Regeln und kann praktisch sofort gespielt werden. Zum anderen besitzt es eine glasklare Gewinnstrategie, die zwar auf den ersten Blick für den durchschnittlichen Erdenbürger nicht ganz simpel ist, jedoch mit etwas Übung gut verinnerlicht und angewendet werden kann. Besonders gut lässt sich die optimale Spielweise mithilfe eines Computerprogrammes umsetzen.

Die Gewinnstrategie wurde erstmals 1901 von Charles Leonard Bouton in seinem Artikel „Nim, A Game with a Complete Mathematical Theory" [2] beschrieben. Boutons Erkenntnisse zum Nim-Spiel gelten als Geburtsstunde der *kombinatorischen Spieltheorie,* die in der Folge eine ausgedehnte und vielfältige Forschung zu ähnlichen Fragestellungen nach sich zog. Einen entscheidenden Beitrag dazu lieferte der mehrmalige Schachweltmeister und Mathematiker Emanuel Lasker. Lasker erwähnte 1931 Boutons Strategie in seinem Buch „Brettspiele der Völker" [3] und verhalf damit der Strategie und Idee zu Bekanntheit, allerdings ohne dabei Boutons Namen zu nennen. Lasker schreibt in seinem Buch:

> Ich weiß nicht, wer die mathematische Induktion bei „Nim" vollzogen hat, aber seine Tat war bewundernswert.

Falls du (Grund-)Kenntnisse im Programmieren hast, kannst du nach dem Lesen dieses Artikels einmal versuchen, das Nim-Spiel in einer Programmiersprache deiner Wahl zu implementieren. Vielleicht könnte dein Programm sogar den heutigen deutschen Wirtschaftsminister Sigmar Gabriel schlagen?!

Die Spielregeln
Beim Nim-Spiel sind zwei Spieler abwechselnd am Zug. Zu Beginn des Spiels gibt es drei Haufen mit Hölzern. Beispielhaft können wir die Situation mit 7, 9 und 11 Hölzern betrachten. In Abb. 18.1 sind die Haufen zeilenweise abgetragen.

Abb. 18.1 Beispielsituation mit drei Haufen. Die Haufengrößen sind 7, 9 und 11

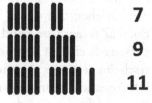

Der Spieler am Zug entscheidet sich für genau einen Haufen und entfernt beliebig viele Hölzer dieses Haufens: also ein, zwei, … oder alle Hölzer. Anschließend ist der andere Spieler am Zug und entscheidet sich ebenfalls für einen Haufen, von dem er beliebig viele Hölzer wegnimmt. Sieger ist, wer insgesamt das letzte Holz wegnimmt, das heißt, wer den letzten verbleibenden Haufen leeren kann.

Wichtig ist, dass

- man Hölzer immer nur von *einem* Haufen wegnehmen darf.
- man in jedem Zug *mindestens ein* Holz wegnehmen *muss*.

Für das Spiel ist natürlich *nicht* wichtig, aus welchen Gegenständen die Haufen bestehen. Im Alltag kann man nach Belieben Steine, Münzen, Gummibärchen etc. benutzen oder einfach die aktualisierten Haufengrößen auf einem Zettel niederschreiben. Dass sich Mathematiker in der Beschreibung von Sachverhalten oft eher unkreativ und stattdessen möglichst neutral ausdrücken, beweist Bouton in seiner Spielbeschreibung von 1901 [2]:

Upon a table are placed three piles of objects of any kind, let us say counters.

Zur Namensgebung

Über die Frage, woher der Name des Spiels stammt, herrscht genauso viel Uneinigkeit wie über das Alter des Spiels. In jedem Fall taucht die Bezeichnung in Boutons entscheidendem Artikel „Nim, A Game with a Complete Mathematical Theory" [2] auf. Es wird zum Beispiel spekuliert, dass der Name von dem deutschen Wort *Nimm* abgeleitet ist, weil die Spieler abwechselnd aufgefordert sind, Hölzer von den Haufen wegzunehmen. Es könnte sich beim Wort *Nim* aber auch um ein veraltetes englisches Verb für *nehmen* handeln. Ein anderer Erklärungsversuch ist, dass vor allem amerikanische Englischsprecher dazu tendieren, sowohl mündlich als auch schriftlich, Doppelkonsonanten zu einem einzelnen Konsonanten zusammenzuziehen. An dieser Stelle sei die Anekdote „Nim-1 statt Nimm-2" im Buch „Zahlentheorie und Zahlenspiele" [4] empfohlen.

Betrachtet man den Lebensweg von Charles L. Bouton (1869–1922), so erscheint jede der genannten Erklärungen als plausibel. Er war gebürtiger US-Amerikaner und lehrte später als Professor für Mathematik in Harvard. Bouton lebte aber auch zwei Jahre in Leipzig, wo er 1898 unter der Betreuung des berühmten Geometers Sophus Lie die Promotion abschloss und den Doktortitel erhielt. Während seiner Zeit in Leipzig traf er auch auf Wilhelm

Ahrens, der sich mit Unterhaltungsmathematik und Analysen von Spielen beschäftigte. Es wird spekuliert, dass Bouton zu dieser Zeit vom Nim-Spiel erfuhr. Im Jahr 1901, zwei Jahre nach seinem Aufenthalt in Leipzig, veröffentlichte er schließlich den bedeutenden Artikel zum Spiel *Nim* [2].

Die Gewinnstrategie nach Bouton

Für das Nim-Spiel hatte Bouton herausgefunden, dass es hilfreich ist, die Haufengrößen nicht im üblichen Dezimalsystem (auch Zehner-System genannt) darzustellen, sondern im *Dualsystem* (auch Zweier-System genannt). In unserem Beispiel hat der Haufen mit 7 Hölzern die Darstellung 111 ($=1\cdot2^2+1\cdot2^1+1\cdot2^0$), der Haufen mit 9 Hölzern die Darstellung 1001 ($=1\cdot2^3+0\cdot2^2+0\cdot2^1+1\cdot2^0$) und der Haufen mit 11 Hölzern die Darstellung 1011 ($=1\cdot2^3+0\cdot2^2+0\cdot2^1+1\cdot2^0$) im Dualsystem. Zur besseren Übersicht geben wir alle Haufengrößen vierstellig an, indem wir die Dualdarstellung des Haufens mit 7 Hölzern durch eine vorangestellte 0 ergänzen zu 0111 (siehe Abb. 18.2).

Aus den Haufengrößen bildet man im Dualsystem die *Nim-Summe* (vgl. [1]), die manchmal auch als *Bouton-Summe* (vgl. [4]) bezeichnet wird. Dies geschieht durch eine Addition im Dualsystem *ohne* Beachtung der Überträge. Man schreibt die Dualdarstellungen der Haufengrößen untereinander und addiert Schritt für Schritt die untereinander stehenden Ziffern im Dualsystem *ohne* dabei den Übertrag mitzuzählen. An jeder Stelle ergibt sich dabei im Prinzip (bis auf Vertauschung der Ziffern 0 und 1 bei der Addition) eine der folgenden vier Möglichkeiten: $0+0+0=0$, $0+0+1=1$, $0+1+1=0$ oder $1+1+1=1$. Für unser Beispiel ergibt sich die Nim-Summe 0101, wie in Abb. 18.3 dargestellt.

Bouton hatte festgestellt, dass genau die Situationen mit Nim-Summe 0 Verluststellungen sind, wenn der Gegner perfekt spielt. Taucht in der Nim-Summe mindestens einmal die Ziffer 1 auf, so kann der Spieler hingegen gewinnen. Seine Gewinnstrategie lautet wie folgt:

Abb. 18.2 Beispielsituation mit den Haufengrößen 7, 9 und 11 im Dualsystem. Alle Haufengrößen im Dualsystem sind aus Übersichtsgründen vierstellig

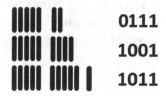

Abb. 18.3 Beispielsituation mit
Nim-Summe. Die Berechnung der
Nim-Summe erfolgt mit einer über-
tragslosen Addition im Dualsystem

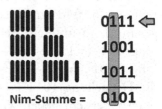

```
0111
1001
1011
```
Nim-Summe = 0101

Abb. 18.4 Der zu verkleinernde Haufen ist
in der Beispielsituation mit Pfeil markiert. Es
wird ein Haufen mit einer 1 an der Position
der ersten von links auftretenden 1 in der
Nim-Summe ausgewählt

```
0111 ⇐
1001
1011
```
Nim-Summe = 0101

*Verkleinere einen Haufen so, dass die im Anschluss vorhandenen Haufengrö-
ßen die Nim-Summe 0 ergeben.*
Denn danach ist der Gegner am Zug, der sich in einer Verluststellung wiederfindet. Führt man diese Strategie bis zum Ende des Spiels fort, wird man
die Situation mit insgesamt 0 Hölzern erreichen, also gewinnen. In unserem
Beispiel gibt es daher eine Gewinnstrategie. Wir können den Gegner zum
Verlieren zwingen. Doch wie genau müssen wir uns verhalten?

Ziel ist es, von einem Haufen so viele Hölzer wegzunehmen, dass die
resultierende Nim-Summe 0 ($=0000$) ergibt. Um zunächst herauszufinden,
welchen Haufen wir verkleinern müssen, suchen wir die Nim-Summe von
links durch, bis wir auf die erste 1 stoßen. Wir wählen einen der Haufen,
bei dem im Dualsystem an dieser Position eine 1 steht. Dies kann entweder
genau einen Haufen (wenn $0 + 0 + 1 = 1$ bei der übertragslosen Addition)
oder alle drei Haufen betreffen (wenn $1 + 1 + 1 = 1$ bei der übertragslosen Addition). Entsprechend kann es entweder genau *einen* oder genau *drei*
mögliche Gewinnzüge geben. In unserem Beispiel können wir genau einen
Haufen wählen, nämlich den mit 7 Hölzern (siehe Abb. 18.4).

Wenn wir uns für einen Haufen entschieden haben, sollten wir ihn entsprechend Boutons Strategie wie folgt verkleinern: Wir betrachten jetzt nur

noch die Dualdarstellung des ausgewählten Haufens und die Nim-Summe. Überall dort, wo in der Nim-Summe die Ziffer 1 steht, verändern wir die Ziffer in der Dualdarstellung des zu verkleinernden Haufens: Aus der Ziffer 1 wird die Ziffer 0 oder aus der Ziffer 0 die Ziffer 1. An Positionen, an denen in der Nim-Summe die Ziffer 0 steht, nehmen wir keine Änderung vor. In unserem Beispiel müssen wir, wie in Abb. 18.5 dargestellt, den Haufen der Größe 7 (=0111 in Dualdarstellung) auf einen Haufen der Größe 2 (=0010 in Dualdarstellung) bringen. Das heißt, wir müssen vom oberen Haufen 5 Hölzer wegnehmen. Die Nim-Summe in der neuen Situation, mit den Haufengrößen 2, 9 und 11, ergibt nun tatsächlich 0 (=0000).

Der Spieler, der nun am Zug ist, befindet sich in einer Verluststellung. Er kann nicht so ziehen, dass wieder eine Situation mit Nim-Summe 0 (=0000) entsteht. Wie er sich auch entscheidet, die resultierenden Haufengrößen ergeben eine Nim-Summe, in der mindestens eine 1 vorkommt. Sein Gegenüber kann mit der beschriebenen Strategie fortfahren und so nach endlich vielen Schritten gewinnen.

Eine Beispielsituation mit *drei* möglichen Gewinnzügen ergäbe sich bei den Haufengrößen 2, 10 und 11, wie Abb. 18.6 zeigt. Die möglichen Gewinnzüge sind:

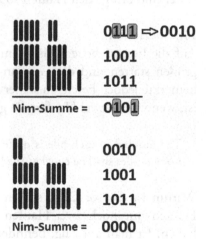

Abb. 18.5 Gewinnzug in der Beispielsituation. An Positionen mit der Ziffer 1 in der Nim-Summe verändern wir die Ziffer in der Dualdarstellung des zu verkleinernden Haufens. Im Anschluss ist die Nim-Summe 0000

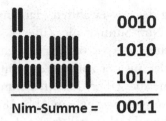

Nim-Summe = **0011**

Abb. 18.6 Andere Beispielsituation mit den Haufengrößen 2, 10 und 11 im Dualsystem. Alle Haufengrößen im Dualsystem sind aus Übersichtsgründen vierstellig. Es gibt drei Gewinnzüge, weil alle drei Haufengrößen im Dualsystem eine 1 an der Position der ersten von links auftretenden 1 in der Nim-Summe haben. Die Gewinnzüge sind: Verkleinere den Haufen mit 2 Hölzern auf 1 Holz, den Haufen mit 10 Hölzern auf 9 Hölzer, oder den Haufen mit 11 Hölzern auf 8 Hölzer

- Nimm vom Haufen mit 2 Hölzern (=0010 in Dualdarstellung) 1 Holz und bringe den Haufen so auf 1 Holz (=0001 in Dualdarstellung).
- Nimm vom Haufen mit 10 Hölzern (=1010 in Dualdarstellung) 1 Holz und bringe den Haufen so auf 9 Hölzer (=1001 in Dualdarstellung).
- Nimm vom Haufen mit 11 Hölzern (=1011 in Dualdarstellung) 3 Hölzer und bringe den Haufen so auf 8 Hölzer (=1000 in Dualdarstellung).

Ein Spezialfall

Auf die beschriebene Weise kann man im Prinzip mit beliebigen Haufengrößen starten und die Gewinn- und Verluststellungen ermitteln. Bouton bemerkte jedoch bereits in seiner Ausarbeitung von 1901 [2], dass es günstig ist, wenn nicht zwei Haufen die gleiche Anzahl an Hölzern haben:

The number in each pile is quite arbitrary, except that it is well to agree that no two piles shall be equal at the beginning.

Warum ist das so? Dazu stellen wir uns vor, dass von den insgesamt drei Haufen nur noch zwei Haufen übrig sind, die beide gleich viele Hölzer haben. Ist man am Zug, befindet man sich in einer Verlustsituation. Denn was man auch tut, der Gegenspieler kann den Gewinn erzwingen, indem er exakt den gleichen Zug am anderen Haufen vornimmt und so beide Haufen wieder auf die gleiche Größe bringt. Verfolgt der Gegenspieler diese einfache *Spiegel*-Strategie bis zum Schluss, wird er zwangsläufig das letzte Holz wegnehmen und so einen Gewinn erzwingen.

Du kannst dir auch anhand der Nim-Summen überlegen, dass Situationen mit nur noch zwei Haufen gleicher Größe Verluststellungen sind und dass die Spiegel-Strategie tatsächlich zum Gewinn führt.

Nun können wir auch ganz leicht Ausgangssituationen analysieren, in denen noch drei Haufen übrig sind, aber mindestens zwei der Haufen die gleiche Anzahl an Hölzern haben. Dabei ist es egal, ob der dritte Haufen eine andere Anzahl von Hölzern aufweist oder alle drei Haufen gleich groß sind. Ist man am Zug, kann man gewinnen, indem man den dritten Haufen komplett leert, sodass zwei Haufen mit der gleichen Größe zurück bleiben. Danach ist der Gegner am Zug, der sich in der beschriebenen Misere wiederfindet und verlieren muss, wenn sein Gegenüber die Spiegel-Strategie spielt.

Eine Verallgemeinerung

Boutons Strategie kann auch auf Situationen mit mehr als drei Haufen mit beliebig vielen Hölzern übertragen werden (vgl. [2]). Auch bei mehreren Haufen berechnet man die Nim-Summe aus den Dualdarstellungen der Haufengrößen. Dabei ergibt die positionsweise Addition von gerade vielen Einsen die Ziffer 0, und von ungerade vielen Einsen die Ziffer 1. Egal wie viele Haufen vorliegen, es gilt stets: Ergibt die Nim-Summe aus den Dualdarstellungen der Haufengrößen 0, so liegt eine Verluststellung vor. Andernfalls gibt es mindestens einen Gewinnzug (genauer gesagt: immer ungerade viele Gewinnzüge). Ein Gewinnzug besteht dann darin, Haufengrößen mit Nim-Summe $=0$ zu erzeugen.

Schlussbemerkung

Um beim Nim-Spiel im Alltag gegen ahnungslose Gegner zu gewinnen, solltest du das Kopfrechnen im Dualsystem gut trainieren. Aber auch falls du, wie zu Beginn des Artikels angeregt, das Spiel implementieren möchtest, sodass dein Computerprogramm gegen einen menschlichen Spieler antreten kann, solltest du für Situationen wie aus dem Comic gerüstet sein. Du solltest dir überlegen, wie du oder dein Computerprogramm reagiert, wenn eine Ausgangssituation eine Verluststellung ist oder der Gegenspieler (evtl. zufällig) den perfekten Zug findet. Eine Überlegung, die du dabei anstellen kannst, ist in der abschließenden Knobelei beschrieben.

Knobelei

Wenn man sich aktuell in einer Verluststellung befindet, wie kann man den drohenden Verlust möglichst lang hinauszögern? Das heißt, welchen Haufen sollte man wie reduzieren, sodass bei optimaler Spielweise des Gegners noch möglichst viele Züge gemacht werden?

Mehr Informationen zu Fragestellungen dieser Art findet man unter der Überschrift „Die Rache des Verlierers" im Buch „Zahlentheorie und Zahlenspiele" [4].

QR-CODE: ERSTES COMPUTERSPIEL NIMROD

Literatur

1. Bewersdorff, J. (2012). *Glück, Logik und Bluff.* Wiesbaden: Springer Spektrum.
2. Bouton, C. L. (1901). Nim, a game with a complete mathematical theory. *Annals of Mathematics, 2,* 33–39.
3. Lasker, E. (1931). *Brettspiele der Völker.* Berlin: Scherl.
4. Menzer, H., & Althöfer, I. (2014). *Zahlentheorie und Zahlenspiele. Sieben ausgewählte Themenstellungen.* München: De Gruyter.

19

Duell zu dritt

Stefan Schwarz

Obwohl die Winterferien vor der Tür standen und draußen der schönste Schnee lag, saß Anton an seinem Schreibtisch und grübelte vor sich hin. Antons großer Bruder Eric, der sich das nun schon seit drei Tagen angesehen hatte, fragte ihn nun, worüber er sich eigentlich die ganze Zeit den Kopf zerbrach. „Die Sache ist die, …" begann Anton, „… in einer Woche findet doch der große Faschingsball an unserer Schule statt. Ich würde gerne Klara fragen, ob wir zusammen dorthin gehen."

„Und wo liegt das Problem?" fragte Eric. „Das Problem ist, dass Bodo und Claus genau dasselbe vorhaben, und nun können wir uns nicht einig werden, wer Klara zuerst fragen darf. Du weißt doch, Bodo und Claus sind meine besten Freunde, und damit wir uns nicht unnötig zerstreiten, haben wir beschlossen, die Sache mit einem Duell beizulegen."

„Ein Duell, …" sagte Eric, „… das geht nur mit zwei Leuten. Deswegen nennt man es ja auch Du-ell. Aber ihr seid doch zu dritt, da müsste es schon Tri-ell heißen. Wie soll das eigentlich von statten gehen? Ihr wollt doch nicht etwa aufeinander schießen?"

Anton nahm einen Zettel und einen Stift zur Hand, malte ein gleichseitiges Dreieck und begann zu erklären.

S. Schwarz (✉)
Gifhorn, Deutschland
E-Mail: stefanschwarz4@yahoo.de

© Springer Fachmedien Wiesbaden GmbH 2017
M. Müller (Hrsg.), *Überraschende Mathematische Kurzgeschichten*,
DOI 10.1007/978-3-658-13895-0_19

Ich wollte ja eine Münze werfen, aber bei drei Leuten bekommt man da Probleme. Deshalb hatte Claus die Idee mit dem Schneeball-Triell, wenn du es so nennen willst. Die Idee ist nicht ganz uneigennützig, wenn du mich fragst, denn Claus spielt seit zwei Jahren Handball und ist wohl mit Abstand der beste Werfer von uns dreien. Auch Bodo kann besser treffen als ich, und damit es halbwegs fair zugeht, darf ich als erster werfen, dann Bodo und dann Claus. Wer getroffen wurde, scheidet aus, bis am Ende einer übrig bleibt. Bodo und Claus sind begeistert von der Idee, aber ich weiß nicht, ob es für mich nicht vielleicht doch besser wäre, wenn wir Lose ziehen würden. Kannst du mir vielleicht sagen, wie groß meine Chancen sind, dieses Triell zu gewinnen?

Eine Weile lang diskutierten und rechneten Anton und Eric und kamen schließlich zu folgendem Ergebnis.

Nachdem der erste Werfer ausgeschieden ist, bleiben noch zwei übrig, die das Triell dann unter sich ausmachen. Diese bezeichnen wir als X (derjenige, der dann den ersten Wurf hat) und Y (der andere). Die Trefferwahrscheinlichkeiten von X und Y seien x bzw. y. Die Wahrscheinlichkeit dafür, dass der Spieler gewinnt, der den ersten Wurf hat, nennen wir $p_1(x, y)$. Es ergibt sich folgendes Gleichungssystem.

$$p_1(x, y) = x + (1 - x) \cdot (1 - p_1(y, x))$$

$$p_1(y, x) = y + (1 - y) \cdot (1 - p_1(x, y))$$

Wenn Spieler X am Wurf ist, gewinnt er, falls er trifft, mit Wahrscheinlichkeit 1. Falls er nicht trifft, gewinnt er mit Wahrscheinlichkeit $1 - p_1(y, x)$.

Daraus ergibt sich

$$p_1(x, y) = \frac{x}{x + y - xy}$$

Diese Funktion ist monoton wachsend in x und fallend in y. Der Fall mit zwei Spielern ist damit erschöpfend behandelt.

Sind noch drei Werfer im Spiel, dann stellt sich die Frage, auf wen der erste Spieler Z zielen sollte, wenn er an der Reihe ist. Wenn er nicht trifft, ist es egal, auf wen er gezielt hat. Wenn er aber trifft, dann landet man im Fall von zwei Spielern, und Z ist in jedem Fall nicht am Wurf. Das heißt, wenn Z die Wahl hat, auf wen er zielt, dann sollte er stets auf den besseren Werfer zielen, damit er im Erfolgsfall den schlechteren Werfer als Gegner hat.

Mit diesen Überlegungen können wir uns daran machen, Antons Gewinnwahrscheinlichkeit p_A zu berechnen. Wir kürzen die Namen von Anton, Bodo und Claus mit A, B und C ab und bezeichnen ihre Trefferwahrscheinlichkeiten mit a; b und c. Dann gilt

$$p_A = a \cdot (1 - p_1(b,a)) + (1-a) \cdot (b \cdot p_1(a,b) + (1-b) \cdot (c \cdot p_1(a,c) + (1-c) \cdot p_A))$$

Beim ersten Wurf wird nämlich A auf C werfen. Wenn er trifft, bleiben noch B und A übrig, und A gewinnt genau dann, wenn B (der dann am Wurf ist) verliert. Wenn A seinen ersten Wurf nicht trifft, wird B auf C zielen. Wenn B trifft bleiben A und B übrig und A ist am Wurf. Trifft B jedoch auch nicht, so ist C am Wurf und zielt auf B. Wenn C trifft, bleiben A und C übrig und A ist am Wurf. Trifft jedoch auch C nicht, dann ist die Reihe wieder an A, und er wird mit der Wahrscheinlichkeit p_A das Triell für sich entscheiden. Wenn wir die obige Gleichung nach p_A auflösen, erhalten wir

$$
\begin{aligned}
p_A &= \frac{a \cdot (1 - p_1(b,a)) + (1-a) \cdot (b \cdot p_1(a,b) + (1-b) \cdot c \cdot p_1(a,c))}{1 - (1-a)(1-b)(1-c)} \\[2mm]
&= \frac{a \cdot \frac{a-ab}{a+b-ab} + (1-a) \cdot \left(b \cdot \frac{a}{a+b-ab} + (1-b) \cdot c \cdot \frac{a}{a+c-ac}\right)}{1 - (1-a)(1-b)(1-c)} \\[2mm]
&= \frac{a \cdot \frac{a+b-2ab}{a+b-ab} + (1-a) \cdot (1-b) \cdot c \cdot \frac{a}{a+c-ac}}{1 - (1-a)(1-b)(1-c)}
\end{aligned}
$$

Analog lassen sich auch die Gewinnwahrscheinlichkeiten für B und C berechnen:

$$p_B = \frac{\frac{ab+(1-a)^2 b^2}{a+b-ab}}{1 - (1-a)(1-b)(1-c)}$$

$$p_C = \frac{(1-a)^2 \cdot (1-b) \cdot c \cdot \frac{c}{a+c-ac}}{1 - (1-a)(1-b)(1-c)}$$

Am Ende dieser ganzen Rechnung sagte Eric: „Jetzt müssten wir nur noch wissen, wie gut Bodo, Claus und du werfen können, dann könnten wir ausrechnen, wie deine Chancen stehen." – „Das habe ich mich auch schon gefragt, …" antwortete Anton, „… und deshalb habe ich in den letzten

Tagen mitgezählt. Bei einer Entfernung von 10 m treffe ich etwa bei jedem vierten Wurf, Bodo trifft jeden zweiten und Claus trifft drei von vier Würfen. In die drei Formeln eingesetzt ergibt das:

$$p_A = \frac{\frac{1}{4} \cdot \frac{\frac{1}{2}}{\frac{5}{8}} + \frac{9}{32} \cdot \frac{\frac{1}{4}}{\frac{13}{16}}}{1 - \frac{3}{32}} = \frac{596}{1885} \approx 31{,}6\,\%$$

$$p_B = \frac{\frac{\frac{1}{8} + \frac{9}{64}}{\frac{5}{8}}}{1 - \frac{3}{32}} = \frac{884}{1885} \approx 46{,}9\,\%$$

$$p_C = \frac{\frac{27}{128} \cdot \frac{\frac{3}{4}}{\frac{13}{16}}}{1 - \frac{3}{32}} = \frac{405}{1885} \approx 21{,}5\,\%$$

Das heißt, die besten Chancen hätte Bodo, während Claus und ich beim Losen besser wegkommen würden."

Eine Weile lang starrten Anton und Eric schweigend auf die beschriebenen Blätter vor ihnen. Während Anton darüber nachdachte, wie er Claus und Bodo davon überzeugen könnte, lieber doch Lose zu ziehen, ließ sich Eric noch einmal die gesamten Vorüberlegungen durch den Kopf gehen. Nach einer Weile begann er seine Gedanken, leise vor sich hin zu sprechen, und Anton fing an, ihm dabei zuzuhören. „Bodo und Claus treffen so gut, dass du ziemlich schlechte Karten hast, wenn sie erst mal anfangen auf dich zu werfen. Dein Vorteil besteht darin, dass sich die anderen erst mal gegenseitig bewerfen und du es dann nur noch mit einem von ihnen aufnehmen musst. Am besten ist es, wenn du zu diesem Zeitpunkt den ersten Wurf hast. Wenn du Glück hast, triffst du und bist der Sieger. Vielleicht wäre es besser beim ersten Wurf nicht auf Claus zu zielen …"

Verwirrt unterbrach Anton Erics Gedanken: „Wie bitte, du hast mir doch vorhin ziemlich einleuchtend erklärt, dass ich besser auf Claus werfe als auf Bodo, jetzt schlägst du mir vor, nicht auf Claus zu werfen. Was soll ich denn nun machen?"

„Das ist eine gute Frage, …" erwiderte Eric. „Wenn du nicht auf Bodo zielst und nicht auf Claus, bleibt dir wohl keine andere Wahl, als mit Absicht daneben zu werfen, so komisch das auch klingt. Lass uns nochmal rechnen. Wenn du beim ersten Wurf absichtlich daneben wirfst, ergibt sich für deine Gewinnwahrscheinlichkeit:

$$\tilde{p}_A = b \cdot p_1(a,b) + (1-b) \cdot (c \cdot p_1(a,c) + (1-c) \cdot \tilde{p}_A)$$

Wenn Bodo trifft, ist Claus draußen und du hast den ersten Wurf. Wenn Bodo nicht trifft, dann sollte Claus auf Bodo zielen. Falls er trifft, bleiben Claus und du übrig und du hast wieder den ersten Wurf. Trifft auch Claus nicht, dann bist du an der Reihe und das ganze Spiel geht von vorne los. Wie vorhin können wir die einzelnen Gewinnwahrscheinlichkeiten ausrechnen."

$$\tilde{p}_A = \frac{b \cdot \frac{a}{a+b-ab} + (1-b) \cdot c \cdot \frac{a}{a+c-ac}}{1-(1-b)(1-c)}$$

$$\tilde{p}_B = \frac{\frac{(1-a)b^2}{a+b-ab}}{1-(1-b)(1-c)}$$

$$\tilde{p}_C = \frac{\frac{(1-a)\cdot(1-b)\cdot c^2}{a+c-ac}}{1-(1-b)(1-c)}$$

Wenn wir hier $a = \frac{1}{4}, b = \frac{1}{2}$ und $c = \frac{3}{4}$ einsetzen, so ergibt sich folgendes überraschende Ergebnis:

$$\tilde{p}_A = \frac{164}{455} \approx 36{,}0\,\%,$$

$$\tilde{p}_B = \frac{156}{455} \approx 34{,}3\,\%,$$

$$\tilde{p}_C = \frac{135}{455} \approx 29{,}7\,\%.$$

„Soll das heißen, ich habe die größte Gewinnchance, obwohl ich am schlechtesten treffe und beim ersten Wurf absichtlich daneben werfe? Das muss ich nochmal in aller Ruhe nachrechnen."

20

Roulette – Der sicherste Weg zum Erfolg

Stefan Schwarz

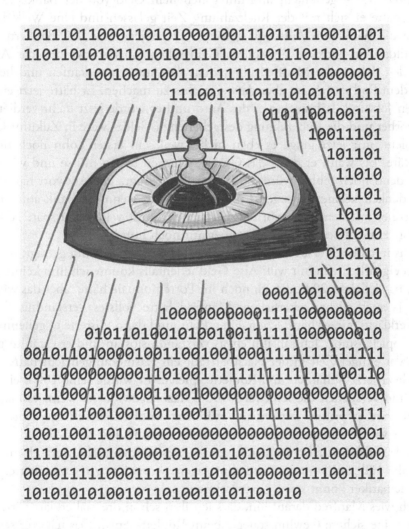

S. Schwarz (✉)
Gifhorn, Deutschland
E-Mail: stefanschwarz4@yahoo.de

© Springer Fachmedien Wiesbaden GmbH 2017
M. Müller (Hrsg.), *Überraschende Mathematische Kurzgeschichten*,
DOI 10.1007/978-3-658-13895-0_20

Gestern Abend stand mein alter Freund Manfred vor der Tür und wollte mich unbedingt sprechen. Manfred war völlig verzweifelt. Nachdem er mir dreimal erzählt hatte, wie verzweifelt er ist, konnte ich ihn endlich dazu bringen, mir zu erzählen, was eigentlich los war. Wie schon fast zu vermuten ging es um Manfreds Auto und das liebe Geld. Obwohl knapp bei Kasse, konnte Manfred vor einigen Monaten nicht widerstehen und hat sich ein Auto gekauft – gebraucht und mit geliehenem Geld von der Bank. Mehrmals hatte er sich mit der Rückzahlung Zeit gelassen und eine Weile lang hatte die Bank ihm Aufschub gewährt. Doch jetzt war den Bänkern der Geduldsfaden gerissen, sie wollten Geld sehen, oder sie würden das Auto pfänden. Ich wollte Manfred überreden, das Auto zu verkaufen und lieber mit dem Rad zu fahren, aber da war nichts zu machen. Er hätte jetzt einen neuen Job und da bräuchte er das Auto und er würde jetzt mehr verdienen als vorher und die Rückzahlung des geliehenen Geldes wäre in Zukunft kein Problem, nur jetzt ginge es eben nicht, weil sein erster Lohn noch nicht da wäre. Bis wann er denn das Geld zusammen haben müsse und wie viel ihm denn noch fehlen würde, habe ich ihn gefragt. Die Antwort hätte ich mir denken können, morgen früh, sagte er mir, wenn die Bank aufmacht, müsste er mit dem Geld vor der Tür stehen, sonst wäre es zu spät. 1000 € müsste er noch bezahlen, er hätte aber nur noch hundert.

Das musste ich erst mal verdauen. Ich habe Manfred dann gefragt, was er denn eigentlich von mir will? Also Geld jedenfalls könnte ich ihm keines leihen, na vielleicht 20 €, die ich noch im Portemonnaie hätte, aber das würde ihm ja auch nicht weiterhelfen. Manfred hatte vollstes Verständnis dafür und erklärte mir, er hätte schon einen Plan, und dann flüsterte er geheimnisvoll „Spielkasino". Ich sah ihn etwas verständnislos an und er erzählte mir, dass vor einiger Zeit in der Nachbarstadt ein Kasino aufgemacht hätte. Da würde er jetzt hinfahren und Roulette spielen. Er würde seine 100 € einsetzen und versuchen die fehlenden 900 € dazuzugewinnen. Wenn es klappt, dann wäre es prima, wenn nicht, wäre das wohl ein Wink des Schicksals und er würde sein Auto verkaufen und in Zukunft mit dem Moped seines Onkels auf Arbeit fahren. Aber soweit wäre es ja noch nicht, und ich müsste auf alle Fälle mitkommen und ihm sagen, worauf er zu setzen hätte. Ihr Mathematiker könnt sowas ja ausrechnen, …

Ich wies Manfred darauf hin, dass ich ihm schon dreimal erklärt hätte, es gäbe keine sichere Gewinnstrategie beim Roulette-Spiel. Das hätte er schon verstanden, meinte Manfred, aber die Frage wäre doch:

Wie muss man sein Geld einsetzen, um mit möglichst großer Wahrscheinlichkeit aus Hundert Euro Tausend zu machen?

Fünf Minuten später saß ich mit einem Stift, einigen Zetteln und einem Laptop bewaffnet in Manfreds Wagen und wir fuhren in Richtung Kasino. Ich hatte zwar noch keinen Plan, wie man sein Geld nun am besten setzen sollte, aber das sollte ich mir während der Fahrt überlegen, meinte jedenfalls Manfred. Für den Anfang wollte ich es mir einfach machen und dachte darüber nach, welche Möglichkeiten man hätte, wenn man nur auf einfache Chancen setzen würde (Rot, Schwarz, Gerade, Ungerade, 1–18, 19–36). Man könnte einen beliebigen ganzzahligen Betrag zwischen 1 € und 100 € setzen. Mit einer Wahrscheinlichkeit von $\frac{18}{37}$ würde der Einsatz verdoppelt, mit $\frac{19}{37}$ wäre er dagegen verloren. Ich schrieb mir also folgende Gleichung auf:

$$P(100) = \max\Bigg\{ \frac{1}{37} \cdot (19 \cdot P(99) + 18 \cdot P(101)),$$
$$\frac{1}{37} \cdot (19 \cdot P(98) + 18 \cdot P(102)), \ldots,$$
$$\frac{1}{37} \cdot (19 \cdot P(1) + 18 \cdot P(199)), \frac{1}{37} \cdot (19 \cdot P(0) + 18 \cdot P(200)) \Bigg\}$$

Dabei sollte $P(n)$ die Wahrscheinlichkeit sein, aus n Euro 1000 machen zu können. So langsam ahnte ich, was da auf mich zukam. Um $P(100)$ bestimmen zu können, müsste ich wahrscheinlich alle Werte von $P(0)$, $P(1)$, ..., $P(1000)$ kennen. Probeweise schrieb ich die Formel für ein allgemeines n zwischen 1 und 999 auf. Wenn man n Euro hat, kann man zwischen einem und n Euro einsetzen. Also ergibt sich:

$$P(n) = \max_{i=1}^{n} (19 \cdot P(n-i) + 18 \cdot P(n+i)) \cdot \tfrac{1}{37} \text{ für alle } n \in \{1, 2, \ldots, 999\}$$

Außerdem wissen wir noch, dass $P(0) = 0$ ist und $P(n) = 1$ für alle $n \geq 1000$ gilt. Alles in allem war das ein Gleichungssystem mit 999 Gleichungen und 999 Unbekannten. Wenn man wüsste, für welches i jeweils das Maximum angenommen wird, hätte man wenigstens ein lineares Gleichungssystem, aber das war nicht der Fall, wodurch das Gaußsche Eliminationsverfahren und alle anderen Standard-Tricks erst mal nicht anwendbar waren.

Zum Glück konnte ich mich an die „Methode der monotonen Iterationen" erinnern. Dieses Verfahren war ursprünglich zur Lösung von großen linearen Gleichungssystemen gedacht. Praktisch konnte man es aber auch bei anderen Arten von Gleichungssystemen anwenden, nur dass man dann den Erfolg nicht mehr garantieren konnte. Die Idee ist folgende. Gegeben ist ein Gleichungssystem mit den Variablen $x_1, \ldots, x_n$ in der Form

$$x_i = f_i(x_1, \ldots, x_n) \text{ für } i = 1, \ldots, n.$$

Eine solche Form wird auch iterierfähige Form genannt. Man kann nun mit einer mehr oder weniger beliebigen Belegung der Variablen x_j starten und diese in die Funktionen f_i einsetzen, und man erhält eine neue Belegung der Variablen x_j. Diese neuen Werte werden nun wieder in die Funktionen eingesetzt und man erhält wieder eine neue Belegung der Variablen. Das Ganze wird nun oft genug wiederholt und man hofft, dass dabei die Werte der Variablen x_j gegen eine Lösung des Gleichungssystems konvergieren. Zur Unterscheidung der Variablen-Belegungen in verschiedenen Runden bezeichnen wir die x_j nach der t-ten Runde mit einem hochgestellten Index t, also $x_1^t, \ldots, x_n^t$. Als Algorithmus sieht das in etwa so aus.

1) Wähle eine Startbelegung der Variablen $x_1^0, \ldots, x_n^0$.
2) Solange bis ein vorgegebenes Abbruchkriterium erreicht ist, setze $x_i^{t+1} := f_i(x_1^t, \ldots, x_n^t)$ für alle $i = 1, \ldots, n$.

Als Abbruchkriterium kommen infrage

- eine maximale Anzahl von Runden,
- eine maximale Rechenzeit,
- eine maximale Änderung der Variablenwerte von einem Schritt zum nächsten, mit der Hoffnung schon nahe am Grenzwert zu sein, wenn sich die Werte nur noch sehr wenig ändern.

In der Praxis ist es günstig, eine Kombination mehrerer Kriterien zu verwenden. Zum Beispiel „Breche ab, wenn $max_i|x_i^{t+1} - x_i^t| < 10^{-7}$ oder wenn t > 100 ist". Das erste Kriterium sorgt dafür, dass der Algorithmus stoppt, wenn sich die Werte kaum noch ändern, das zweite Kriterium verhindert eine Endlosschleife, falls es (aus welchen Gründen auch immer) nicht zur Konvergenz kommt. Der Algorithmus in der oben angegebenen Form wird mitunter auch als *Gesamtschritt-Verfahren* bezeichnet. Demgegenüber steht das *Einzelschritt-Verfahren*, das sich nur in einem Detail unterscheidet. Hier lautet die Iteration nämlich $x_i^{t+1} := f_i(x_1^{t+1}, \ldots, x_{i-1}^{t+1}, x_i^t, \ldots, x_n^t)$ für alle $i = 1, \ldots, n$. Das heißt, alle Werte $x_1^{t+1}, \ldots, x_{i-1}^{t+1}$, die man in einer Runde bereits neu ausgerechnet hat, fließen sofort in die Berechnung von x_i^{t+1} mit ein. Ein Vorteil des Einzelschritt-Verfahrens besteht darin, dass man nicht gleichzeitig die Werte der Variablen x_i^t und x_i^{t+1} im Speicher halten muss, man kann mit jedem neu ausgerechneten Wert den alten sofort überschreiben. Außerdem erreicht man mit dem Einzelschritt-Verfahren häufig eine höhere Konvergenzgeschwindigkeit.

Es stellt sich natürlich die Frage, ob die Werte x_i^t mit wachsendem t überhaupt konvergieren und wenn ja, ob der Grenzwert dann eine Lösung des Gleichungssystems ist. Die zweite Antwort lautet „Ja", wenn die auftretenden Funktionen f_i alle stetig sind. Die Antwort auf die erste Frage ist für lineare Gleichungssysteme erschöpfend untersucht worden (entscheidend sind die betragsgrößten Eigenwerte der Systemmatrix F). Für nicht-lineare Gleichungssysteme ist es im Allgemeinen schwieriger vorher zu erkennen, ob die Werte x_i^t konvergieren, und häufig hängt das auch noch von der Wahl der Startbelegung ab. Beim Roulette-Problem kommt uns aber ein nützlicher Umstand zu Hilfe, die verwendeten Funktionen f_i sind nämlich allesamt monoton wachsend, d. h. wenn x komponentenweise kleiner oder gleich y ist, so ist auch $f_i(x) \leq f_i(y)$ für alle i. Wenn wir zu Beginn alle Variablen mit dem Wert null belegen, wird auch ihr Wert nach dem ersten Schritt nichtnegativ sein, da jeweils das Maximum lauter nichtnegativer Terme gebildet wird. Wir haben also $0 = x^0 \leq x^1$ (wobei Ungleichungen zwischen zwei Vektoren jeweils komponentenweise zu verstehen sind). Wegen der Monotonie der Funktionen f_i folgt induktiv für alle $t \geq 0$ aus $x^t \leq x^{t+1}$, dass auch $f(x^t) \leq f(x^{t+1})$ ist und somit $x^{t+1} \leq x^{t+2}$ gilt. Für jedes i ist also die Folge $\left(x_i^t\right)_{t=0}^{\infty}$ monoton wachsend. Offenbar sind alle diese Folgen auch beschränkt durch 1. Wenn man in dem allerersten Gleichungssystem auf der rechten Seite Werte kleiner oder gleich 1 einsetzt, so bleibt auch das Ergebnis auf der linken Seite kleiner oder gleich 1. Monoton wachsende, beschränkte Folgen sind konvergent. Diese Eigenschaft erklärt auch, warum das Verfahren „Methode der *monotonen* Iterationen" genannt wird, weil im Idealfall die Variablen in jeder Iteration monoton wachsen (oder fallen) und bei gegebener Beschränktheit die Konvergenz gesichert ist.

Nach diesen Vorüberlegungen war es nur noch eine Sache von Minuten, ein Programm zu schreiben, das die beschriebenen Iterationen ausführt (siehe Abb. 20.1).

Dieses Programm ließ ich dann laufen und nach wenigen Sekunden erschienen die ersten Zwischenergebnisse auf dem Bildschirm. Nach sechs Iterationen war $P(100)$ auf 9,0375 % gestiegen, während die maximale Abweichung noch über 0,02 lag. Nach zwölf Iterationen bei einer maximalen Abweichung von 10^{-5} hatte sich $P(100)$ bei 9,0418 % stabilisiert. Nach

```
p=0; p(1000)=1
Abweichung=1000; Runden=0
```

p ist ein Vektor, der die Komponenten $P(0), \ldots, P(1000)$ enthalten soll. Eigentlich bräuchte man $P(0)$ und $P(1000)$ nicht, da deren Werte ja bekannt sind (0 bzw. 1), es ist aber leichter, sie als Variablen mitzuführen, weil man dann später die Fälle, bei denen man bei 0 oder 1000 landet, nicht extra betrachten muss. Zu Beginn werden alle Werte auf null gesetzt außer dem letzten, der ist 1. Die Variable Abweichung soll am Ende einer Runde angeben, wie groß die maximale Änderung einer Variable in dieser Runde gewesen ist. Außerdem zählen wir noch die Runden mit.

```
while Abweichung>0.0000001 and Runden<100
```

Abbruch, falls Änderung genügend klein oder 100 Runden erreicht

```
Abweichung=0
```

```
for i=1 to 999
```

Iterationen für $P(1), \ldots, P(999)$ durchführen

```
p_i_neu=0
```

Nach der folgend. Schleife soll p_i_neu den neuen Wert von $p(i)$ angeben.

```
for e=1 to min(i,1000-i)
```

e ist der Einsatz, den wir machen können. Es soll mindestens ein Euro gesetzt werden und wir können höchstens soviel setzen, wie wir haben (das sind i Euro). Außerdem ist es nicht sinnvoll, mehr zu setzen, als wir zum Gewinn von 1000 € benötigen.

```
w=(19*p(i-e)+18*p(i+e))/37
```

Mit einer Wahrscheinlichkeit von 19/37 verlieren wir und landen bei $i - e$, mit 18/37 gewinnen wir und landen bei $i + e$.

```
if w>p_i_neu
```

Diese Abfrage prüft, ob ein Einsatz von e besser für uns ist, als alle bisher untersuchten Einsätze. Wenn dem so ist, so merken wir uns den Wert w und wie viel wir setzen sollen.

```
p_i_neu=w; Einsatz(i)=e
```

```
Abweichung=max(Abweichung,abs(p(i)-p_i_neu))
```

Der Term abs(p(i)-p_i_neu) gibt den Absolutbetrag der Änderung zwischen dem alten und dem neuen $p(i)$ an. Ist dieser Wert höher als die bisher erreichte Abweichung, so wird Abweichung entsprechend erhöht.

```
p(i)=p_i_neu
```

Hier wird der alte Wert von $p(i)$ durch den neuen sofort überschrieben. Es handelt sich also um ein Einzelschrittverfahren.

```
Runden=Runden+1
```

```
output(Runden,Abweichung,p(100))
```

Zur Kontrolle wird die aktuelle Runde, die maximale Änderung einer Variable in dieser Runde und $P(100)$ ausgegeben, hier kann man schon während der Berechnung sehen, wie schnell die Folge konvergiert.

Abb. 20.1 Programm zur Bestimmung des Roulette-Einsatzes

fünf weiteren Iterationsschritten war die maximale Abweichung unter den geforderten Wert von 10^{-7} gefallen. Für die Erfolgswahrscheinlichkeit beim Start mit 100 € wurde der Wert 9,041820 % angegeben.

Blieb nur noch die Frage, wie man optimaler weise zu setzen hätte. Ein Blick auf **Einsatz**(100) brachte den Wert 100 zutage. Man sollte also im ersten Schritt alles setzen. Danach hatte man entweder verloren oder 200 €. Auch danach sollte man laut Computer wieder alles setzen. Ein Blick auf den gesamten Vektor **Einsatz** zeigte, dass man sehr häufig alles setzen sollte, wenn man noch bei 500 € oder darunter war, und ansonsten sehr häufig gerade so viel, dass man 1000 € erreichen würde. Automatisch stellte ich mir die Frage, ob das wohl immer so wäre. Die aufgetretenen Abweichungen könnten ihren Grund ja auch in der beschränkten Rechengenauigkeit haben. In einem zweiten Lauf erlaubte ich also nur noch Einsätze, bei denen entweder alles gesetzt wurde, oder gerade so viel, um 1000 € zu erreichen. Die Differenzen aus beiden Läufen lagen im Bereich von 10^{-7}, waren also praktisch vernachlässigbar. Die Frage, ob die „Alles-oder-Nichts"-Strategie immer optimal ist, wäre sicher ein interessantes theoretisches Problem, aber dafür fehlte mir einfach die Zeit.

Schnell teilte ich Manfred meine Erkenntnisse mit. Ich erklärte ihm, dass er beim Setzen auf einfache Chancen immer verdoppeln sollte, bis er 800 € hätte, dann sollte er 200 € setzen und entweder die tausend Euro zusammen haben oder auf sechshundert zurückfallen. Von 600 € aus müsste er 400 € setzen und entweder gewinnen, oder auf 200 € zurückfallen. Von da ginge es wieder mit dem Verdoppeln von vorne los. Außerdem erzählte ich ihm, dass seine Gewinnwahrscheinlichkeit bei etwa 9,041820 % liegen würde.

Manfred runzelte die Stirn und fragte mich, warum ich das nicht genau ausrechnen könnte. Bevor ich ihm erklären konnte, was der Abbruchfehler bei einer Iterativen Methode ist, fiel mir auf, dass ich zur Berechnung von $P(100)$ nicht 999, sondern nur fünf Werte bräuchte, nämlich $P(100)$; $P(200)$; $P(400)$; $P(800)$ und $P(600)$. Das entsprechende Gleichungssystem ist sehr einfach aufgebaut und lässt sich auch von Hand lösen. Man erhält $P(100) = \frac{5.878.656}{65.016.289} = 9{,}0418202736855\ldots$ % – ein gutes Zeichen, dass die Methode der monotonen Iterationen richtig funktioniert hat.

Inzwischen hatten wir den Parkplatz hinter dem Kasino erreicht und ich fing damit an mir zu überlegen, welchen Einfluss Einsätze auf einzelne Zahlen, Zweier-, Dreier-, Vierer-, Sechser-, Neuner- oder Zwölfergruppen hätten. Eigentlich sollte man dadurch seine Chancen ja nur verbessern können. In dem Moment klingelte Manfreds Handy. Seine Oma war am Telefon und klang mindestens genauso verzweifelt wie Manfred eine Stunde früher. Er solle so schnell wie möglich kommen, ihr Fernseher wäre ausgegangen als sie versucht hatte, einen zweiten elektrischen Heizofen einzuschalten, und in zehn Minuten würde doch ihre Lieblingssendung anfangen. Manfreds graue Zellen reagierten in Windeseile, im freundlichsten Plauderton erklärte er seiner Oma, dass er liebend gerne zu ihr käme, um zu helfen. Sie würde ihn ja sicher auch nicht im Stich lassen, wenn er Hilfe nötig hätte. Wie es der Zufall so wollte, wohnte die alte Dame keine drei Straßen vom Kasino entfernt und war überglücklich keine Minute mit ihrem Lieblingsmoderator zu verpassen, nachdem wir eine neue Sicherung eingesetzt hatten. Als Manfred ihr seine Leidensgeschichte erzählte, verschwand sie nur kurz im Schlafzimmer und kam mit zehn druckfrischen 100 €-Scheinen wieder. Manfred war überglücklich und versprach jeden Monat 100 € zurückzuzahlen. Seine Oma war glücklich, weil sie auf die Weise ihren Enkel wenigstens aller vier Wochen sehen würde und ich war auch ganz froh, denn bei der Kasinogeschichte hatte ich die ganze Zeit kein gutes Gefühl gehabt.

Auf dem Rückweg nach Hause habe ich dann noch mein Programm erweitert, sodass alle möglichen Einsätze beim Roulette berücksichtigt wurden[1]. Die Gewinnchancen beim Einsatz von 100 € steigen um einiges, nämlich auf 9,707740... %, der Einsatzplan wird aber wesentlich komplizierter. Ein allgemeines System ist kaum zu erkennen. Meist soll man auf einzelne Zahlen (etwa 40 % der Fälle) oder auf Zweier- bzw. Dreier-Gruppen setzen (jeweils etwa 20 % der Fälle). Häufig so, dass man im Falle eines Gewinns die 1000 € erreicht oder ihr nahe kommt.

---

[1]Man kann auf Gruppen von ein, zwei, drei, vier, sechs, neun, zwölf oder achtzehn Zahlen setzen. Setzt man auf eine Gruppe mit n Zahlen, so erhält man im Falle eines Gewinns den $\frac{36}{n}$-fachen Einsatz.

21
Eine Ergänzung zum Satz von Haga

Michael Schmitz

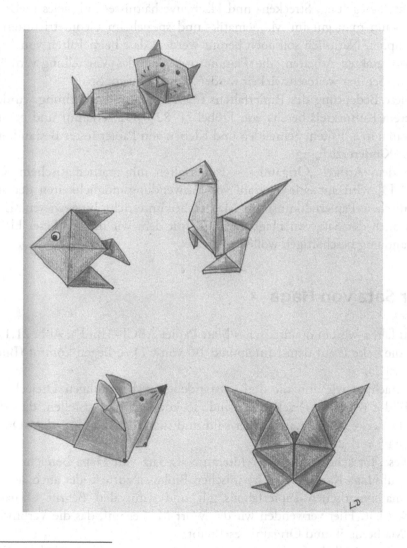

M. Schmitz (✉)
FSU Jena, Jena, Deutschland
E-Mail: michael.schmitz@uni-jena.de

© Springer Fachmedien Wiesbaden GmbH 2017   **141**
M. Müller (Hrsg.), *Überraschende Mathematische Kurzgeschichten*,
DOI 10.1007/978-3-658-13895-0_21

Blättert man in Origamibüchern, etwa „Origami figürlich und geometrisch" [1] oder „Origami ohne Grenzen" [2], so kann man (als Mathematiklehrer) schnell die faszinierenden Möglichkeiten entdecken, die Origami auch für den Mathematikunterricht bieten kann. Man findet in diesen Büchern nicht nur schöne Produkte, sondern es kommen genauso Dreiecke, Quadrate, Rechtecke, regelmäßige Vielecke, Rhomben, reguläre Körper, …, Kongruenz, Spiegelung, Strecken- und Flächenverhältnisse und vieles mehr vor. Hier kann man gut im Mathematik- und speziell im Geometrieunterricht anknüpfen. Natürlich soll auch betont werden, dass beim Falten von Papier ebenso exaktes Arbeiten, die Feinmotorik und das Vorstellungsvermögen unserer Schüler weiterentwickelt werden. Und es macht Spaß!

Diese Bedeutung des Papierfaltens für Bildung und Erziehung wurde in unserem Kulturkreis bereits von Fröbel (1782–1852) erkannt und genutzt. So waren u. a. Falten, Schneiden und Kleben von Papier fester Bestandteil in seiner Kindererziehung.

In dem Artikel „Origamics – Papierfalten mit mathematischem Spürsinn" [3] wird auf eine Vielzahl von Anwendungsmöglichkeiten der alten japanischen Papierfaltkunst im Mathematikunterricht hingewiesen. Dabei wird auch der Satz von Haga genannt, mit dem wir uns in dieser kleinen Abhandlung beschäftigen wollen.

Der Satz von Haga

Dazu falten wir ein quadratisches Blatt Papier ABCD (Bild a; Abb. 21.1) so, dass die Ecke B auf dem Mittelpunkt B0 von CD zu liegen kommt (Bild b; Abb. 21.1).

Betrachten wir nun die drei entstandenen rechtwinkligen Dreiecke, die im Bild c (Abb. 21.1) schattiert sind, so können wir feststellen, dass diese drei Dreiecke ähnlich zueinander sind und sich die Seiten in jedem Dreieck wie 3:4:5 verhalten.

Diese Tatsache wird in der Literatur als Satz von Haga bezeichnet und geht auf Haga Kazuo, einen japanischen Biologen zurück, der auch als Vater des mathematischen Papierfaltens gilt und dafür den Begriff Origamics geprägt hat. Hier verwenden wir das Wort Mathegami, das die Verbindung von Mathematik und Origami beschreibt.

In dem Artikel „Origamics – Papierfalten mit mathematischem Spürsinn" [3] wird auf diesen Satz ebenfalls hingewiesen, der Beweis wird jedoch dem Leser überlassen. Wir wollen hier einen Beweis des Satzes angeben und dabei die Beziehungen zur Ähnlichkeitslehre und zum Satz des Pythagoras

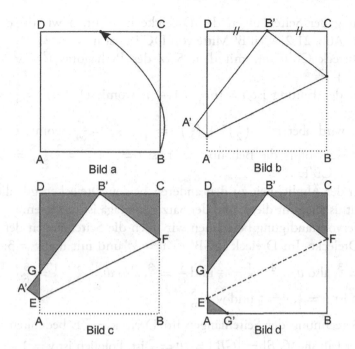

Abb. 21.1 Der Satz von Haga – Faltfolge 1

verdeutlichen. Zusätzlich wird sich durch einen weiteren Gedankengang eine Ergänzung zum Satz von Haga ergeben. Zuerst zeigen wir jedoch, dass die drei Dreiecke zueinander ähnlich sind. Dazu bezeichnen wir die Faltlinie, die beim Falten von B zum Mittelpunkt B' von CD entsteht mit EF und den Schnittpunkt von $A'B'$ mit AD mit G (siehe Bild c bzw. d; Abb. 21.1).

Es ist $A'EG \sim DGB'$, weil beide Dreiecke rechtwinklig sind und $|\angle A'GE| = |\angle DGB'|$ (Scheitelwinkel) gilt (siehe Bild c; Abb. 21.1).

Es ist $DGB' \sim CFB'$, weil beide Dreiecke rechtwinklig sind und $|\angle CB'F| = |\angle DGB'|$ ist. Die letzte Winkelbeziehung ergibt sich daraus, dass aufgrund der durchgeführten Faltung $|\angle GB'F| = 90°$ ist. Damit ist aber $|\angle CB'F| + |\angle GB'D| = 90°$. Da weiterhin im rechtwinkligen Dreieck DGB' auch $|\angle DGB'| + |\angle GB'D| = 90°$ ist, folgt die behauptete Winkelbeziehung.

Damit sind aber die drei betrachteten Dreiecke ähnlich zueinander. Nun zeigen wir, dass sich die Seiten in den Dreiecken wie 3:4:5 verhalten. Dazu nehmen wir an, dass das Ausgangsquadrat die Seitenlänge 1 hat und berechnen diesbezüglich die Längen der Dreiecksseiten, woraus sich dann die Behauptung ergibt.

In Bild d (Abb. 21.1) ist das aufgefaltete Quadrat zu sehen, in dem die betrachteten Dreiecke und die Faltlinie EF eingezeichnet sind. Zur

Berechnung der Seitenlängen der Dreiecke bezeichnen wir diese entsprechend der Abb. 21.2. Weil B′ Mitte von DC ist, ist u = s = ½.

Im Dreieck CB′F gilt mit dem Satz des Pythagoras $t^2 = s^2 + r^2$ also $t^2 = (½)^2 + r^2$.

Wegen der Faltung ist t = |BF| = 1 − r, womit $(1 − r)^2 = \frac{1}{4} + r^2$, also $r = \frac{3}{8}$ folgt.

Damit wird aber $t^2 = \left(\frac{1}{2}\right)^2 + \left(\frac{3}{8}\right)^2 = \frac{1}{4} + \frac{9}{64} = \frac{25}{64}$, womit $t = \frac{5}{8}$ folgt.

Es ergibt sich sofort die Behauptung: r: s: $t = \frac{3}{8}:\frac{1}{2}:\frac{5}{8} = \frac{3}{8}:\frac{4}{8}:\frac{5}{8} = 3{:}4{:}5$ für das Dreieck CB′F.

Wegen der Ähnlichkeit zu den anderen beiden Dreiecken gilt dieses Seitenverhältnis auch für diese, und der Satz von Haga ist bewiesen.

Zur Vervollständigung berechnen wir noch die Seitenlängen der anderen beiden Dreiecke. Im Dreieck DGB′ ist u = ½ und mit u:v:w = 3:4:5 folgt über $\frac{\frac{1}{2}}{v} = \frac{3}{4}$, also $v = \frac{4}{3} \cdot \frac{1}{2} = \frac{2}{3}$ und $\frac{\frac{1}{2}}{w} = \frac{3}{5}$, also $w = \frac{5}{3} \cdot \frac{1}{2} = \frac{5}{6}$.

Damit ist u = $\frac{1}{2}$, v = $\frac{2}{3}$ und w = $\frac{5}{6}$

Zur Berechnung der Seitenlängen im Dreieck AG′E bedenken wir, dass wegen der Faltung |G′B| = |GB′| = w = $\frac{5}{6}$ ist. Folglich ist y = 1 − $\frac{5}{6}$ = $\frac{1}{6}$.

Weil $\frac{\frac{1}{6}}{z} = \frac{4}{5}$ gilt, ergibt sich z = $\frac{5}{4} \cdot \frac{1}{6} = \frac{5}{24}$ und da $\frac{x}{\frac{1}{6}} = \frac{3}{4}$ gilt, ergibt sich $x = \frac{1}{6} \cdot \frac{3}{4} = \frac{1}{8}$, also finden wir x = $\frac{1}{8}$, y = $\frac{1}{6}$ und z = $\frac{5}{24}$.

Aus den bisherigen Betrachtungen ergibt sich mit v = $\frac{2}{3}$, dass |AG| = $\frac{1}{3}$ ist.

Damit dritteln aber der Punkt G und der Mittelpunkt von DG die Quadratseite AD (Abb. 21.2).

Die Faltung zum Satz von Haga ermöglicht es uns also sehr leicht, eine Seite des Ausgangsquadrates zu dritteln.

Nun zu einer möglichen Ergänzung zum Satz von Haga: Dazu betrachten wir noch einmal die drei Dreiecke, die entstehen, wenn B auf den Mittelpunkt

Abb. 21.2 Der Satz von Haga – Faltung 2

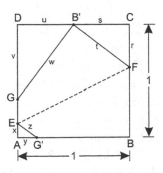

B′ von CD gefaltet wird. Wir berechnen die Ähnlichkeitsfaktoren λAC und λAD vom kleinen Dreieck G′EA bezüglich B′FC und bezüglich GB′D.

Es gilt $\lambda_{AC} = \frac{t}{z} = \frac{\frac{5}{8}}{\frac{5}{24}} = \frac{3}{1} = 3$ und $\lambda_{AD} = \frac{w}{z} = \frac{\frac{5}{6}}{\frac{5}{24}} = \frac{4}{1} = 4$.

Dieses Ergebnis wirft die Frage nach einem vierten Dreieck auf, das bezüglich G′EA den Ähnlichkeitsfaktor 2 hat, noch dazu, dass in der Ecke B des Ausgangsquadrates noch kein Dreieck liegt. Ein solches Dreieck lässt sich jedoch leicht in die Figur (Abb. 21. 3) einzeichnen. Dabei sollte die kurze Kathete auf AB und die lange auf BC liegen, damit sich dieses Dreieck in die Anordnung der drei anderen Dreiecke einordnet.

Ein ergänzendes Dreieck

Wir wählen H auf AB so, dass $|HB| = o = 2 \cdot x = 2 \cdot \frac{1}{8} = \frac{1}{4}$ und I auf BC so, dass $|BI| = p = 2 \cdot y = 2 \cdot \frac{1}{6} = \frac{1}{3}$ ist. Dann ist das Dreieck IHB zum Dreieck G′EA ähnlich und der Ähnlichkeitsfaktor λAB beträgt 2.

Weiterhin ist $|HI| = q = 2 \cdot z = 2 \cdot \frac{5}{24} = \frac{5}{12}$. Die Seitenlängen dieses Dreiecks betragen folglich $o = \frac{1}{4}$; $p = \frac{1}{3}$ und $q = \frac{5}{12}$.

Die Punkte H und I lassen sich damit leicht bestimmen. Um H zu erhalten, falten wir C auf B′. Die entstehende Faltlinie schneidet AB in H. Falten wir A so auf GD, dass die Faltlinie durch G geht, dann schneidet diese Faltlinie BC in I. Damit haben wir das fehlende Dreieck schon festgelegt (Abb. 21.4).

Nun fragen wir uns, ob es nicht auch möglich ist IH durch eine Faltung, analog zur vorhergehenden Faltung von B auf B′ zu erzeugen.

Wir nehmen zuerst an, dass wir H und I entsprechend der obigen Vorgaben bestimmt haben. Dann können wir das Quadrat ABCD so falten, dass die jeweils umgefaltete Kante durch H und I geht. Diese vier Möglichkeiten sind in den Bildern a bis d der Abb. 21.5 dargestellt: BC, CD, DA und AB gehen durch H und I.

Abb. 21.3 Der Satz von Haga – Faltung 3

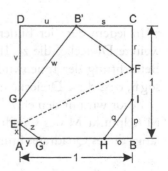

Abb. 21.4 Der Satz von
Haga – Faltung 4

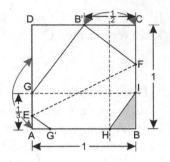

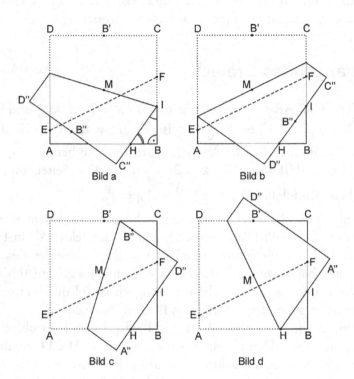

Bild a

Bild b

Bild c

Bild d

Abb. 21.5 Der Satz von Haga – Faltfolge 5

In jedem der vier Bilder erkennen wir zusätzlich zum Dreieck IHB drei weitere Dreiecke, die zu IHB ähnlich sind. Dies sehen wir sofort über die Betrachtung der Innenwinkel in Analogie zum Satz von Haga. Wir zeigen sogar, dass diese Dreiecke untereinander kongruent sind.

Bevor wir mit den einzelnen Faltungen beginnen, markieren wir noch den Mittelpunkt M des Quadrates ABCD und setzen voraus, dass die Kantenlänge dieses Quadrates immer 1 ist.

Wir falten zuerst BC durch H und I (vgl. Bild a; Abb. 21.5).

Dabei geht D nach D'' und C nach C'' (Abb. 21.6). Die Faltlinie geht auf BC natürlich durch I und bestimmt auf AD den Punkt J. Außerdem bestimmt $C''D'''$auf AD den Punkt U und auf AB den Punkt V.

Die Dreiecke HVC'', VUA und UJD'' sind ähnlich zum Dreieck IHB. Wir zeigen nun die Kongruenz dieser drei Dreiecke zu IHB.

Beginnen wir mit HV C'' und berechnen $|HC''|$. Es ist $|HC''| = 1 - |HI| - |BI| = 1 - \frac{5}{12} - \frac{1}{3} = \frac{1}{4}$. Damit ist aber $|HC''| = |HB|$ und folglich ist $HVC'' \cong$ IHB. Damit ist auch $|C''V| = |BI| = \frac{1}{3}$ und $|VH| = \frac{5}{12}$. Weil $|AV| = 1 - |VH| - |HB| = 1 - \frac{5}{12} - \frac{1}{4} = \frac{1}{3}$ ist, ist auch $VUA'' \cong$ IHB. Folglich ist $|AU| = \frac{1}{4}$ und $|VU| = \frac{5}{12}$.

Nun zeigen wir $UJD'' \cong$ IHB. Es ist $|UJ| + |JD| = 1 - |AU| = 1 - \frac{1}{4} = \frac{3}{4}$. Andererseits ergibt sich wegen der Ähnlichkeit von UJD'' zu IHB aus dem Seitenverhältnis $\frac{|JD''|}{|UJ|} = \frac{\frac{1}{3}}{\frac{5}{12}} = \frac{4}{5}$ die Beziehung $|JD''| = \frac{4}{5}|UJ|$. Wegen der durchgeführten Faltung ist $|JD''| = |JD|$, woraus $\frac{3}{4} = |UJ| + |JD| = |UJ| + |JD''| = |UJ| + \frac{4}{5}|UJ| = \frac{9}{5}|UJ|$ folgt. Also ist $|UJ| = \frac{5}{12}$ und folglich $UJD'' \cong$ IHB.

Zusätzlich erhalten wir $|JD| = |JD''| = \frac{1}{3}$, $|UD''| = \frac{1}{4}$ und weil $|JD| = \frac{1}{3}$ ist, dritteln die Punkte G und J die Quadratkante AD.

Damit sind aber die bei der Faltung zusätzlich entstandenen drei Dreiecke kongruent zum Dreieck IHB und wir machen die Faltung rückgängig (Abb. 21.7). Dabei sehen wir, dass die Faltlinie IJ durch M geht. Dies wollen wir nun auch beweisen. Dazu bezeichnen wir den Schnittpunkt der Mittelsenkrechten von CD mit IJ mit M* und den Schnittpunkt mit GI mit N. Weil $|AG| = \frac{1}{3}$ und $|JD| = \frac{1}{3}$ ist, ist auch $|GJ| = \frac{1}{3}$.

Abb. 21.6 Der Satz von Haga – Faltung 6

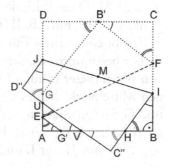

Abb. 21.7 Der Satz von
Haga – Faltung 7

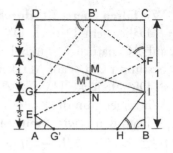

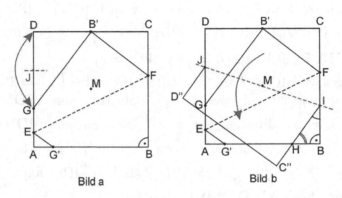

Bild a   Bild b

Abb. 21.8 Der Satz von Haga – Faltfolge 8

Außerdem ist IJG bei G rechtwinklig, da GI und AB parallel sind. Weil N der Mittelpunkt von GI ist, ist $|NM^*| = \frac{1}{6}$. Da $\frac{1}{3} + \frac{1}{6} = \frac{1}{2}$ ist, ist $M^* = M$ und folglich geht IJ durch M, wie behauptet.

Mit diesen Vorüberlegungen können wir in dem Quadrat ABCD, in dem nur die drei Dreiecke des Satzes von Haga markiert sind, das gesuchte vierte Dreieck in der Ecke B bestimmen. Dazu falten wir zuerst D auf G und bestimmen damit den Mittelpunkt J von DG (Bild a; Abb. 21.8). Dann falten wir das Quadrat so, dass die Faltlinie durch J und M geht (Bild b; Abb. 21.8). Diese Faltlinie schneidet BC in I und wir finden H als Schnittpunkt von IC″ mit AB. IHB ist dann das gesuchte vierte Dreieck.

Es gibt eine weitere Faltmöglichkeit. Dazu falten wir wieder BC durch die vorher bestimmten Punkte H und I und betrachten zusätzlich das Bild B″ von B′ bei dieser Faltung (Abb. 21.9). Die zugehörige Faltlinie IJ geht durch den Mittelpunkt M des Quadrates, wie vorher gezeigt. Außerdem dritteln J und G die Quadratkante AD. Weil B″ der Bildpunkt von B′ bei der Faltung an IJ ist, ist B′B″ senkrecht zu IJ. Bezeichnen wir noch den Schnittpunkt von B′B″ mit IJ mit L und den Fußpunkt des Lotes von B′ auf IG mit N,

Abb. 21.9 Der Satz von
Haga – Faltung 9

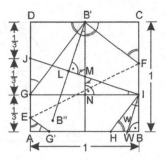

dann sind die beiden Dreiecke B′ML und IMN ähnlich zueinander, da beide Dreiecke rechtwinklig sind und die Innenwinkel bei M Scheitelwinkel sind. Folglich gilt auch $|\angle MB'L| = |\angle NIM|$.

Wir zeigen nun, dass $|\angle GIJ| = |\angle NIM| = \frac{1}{2}|\angle BIH|$ gilt.

Dazu zeichnen wir im Dreieck IHB die Winkelhalbierende w des Winkels $\angle BIH$ ein, die HB in W schneidet. Weil W die Seite HB im Verhältnis der anliegenden Seiten teilt, gilt $\frac{|HW|}{|WB|} = \frac{\frac{5}{12}}{\frac{1}{3}} = \frac{5}{4}$. Da $|HW| = \frac{1}{4} - |WB|$ ist, folgt $\frac{\frac{1}{4}-|WB|}{|WB|} = \frac{5}{4}$, woraus $|WB| = \frac{1}{9}$ folgt.

Im Dreieck IWB folgt damit $\frac{|WB|}{|BI|} = \frac{1}{3}$ und im Dreieck JGI ergibt sich $\frac{|JG|}{|GI|} = \frac{1}{3}$. Da beide Dreiecke auch (bei B bzw. bei G) rechtwinklig sind, folgt, dass sie ähnlich zueinander sind. Damit ist aber $|\angle GIJ| = \frac{1}{2}|\angle BIH|$ und folglich $|\angle MB'B''| = \frac{1}{2}|\angle BIH|$. Weil aber auch $|\angle MB'G| = |\angle BIH|$ ist, ist B′B″ die Winkelhalbierende von $\angle MB'G$.

Weil $|\angle GB'D| = |\angle FB'M|$ ist, geht bei der Faltung an B′B″ der Punkt D auf BF.

Mit diesen Betrachtungen können wir auf eine weitere Art in dem Quadrat ABCD, in dem nur die drei Dreiecke des Satzes von Haga markiert sind, das gesuchte vierte Dreieck in der Ecke B bestimmen: Wir falten D so auf B′F, dass die Faltlinie durch B′ geht (Bild a; Abb. 21.10). Anschließend falten wir B′ so auf die eben gefaltete Linie, dass die neue Faltlinie durch M geht (Bild b; Abb. 21.10). Diese Faltlinie schneidet BC in I und AD in J. H finden wir als Schnitt von IC″ mit AB. IHB ist das gesuchte Dreieck.

Eine weitere Möglichkeit durch Umfalten der Quadratkante BC das vierte Dreieck in der Ecke B zu erzeugen, ergibt sich aus Abb. 21.12 im Bild 9a. Weil $|HC''| = |HB| = \frac{1}{4}$ ist, bestimmen wir auf AB den Punkt H und auf BC den Punkt H* so, dass $|HB| = |CH^*| = \frac{1}{4}$ ist. Dies geht durch

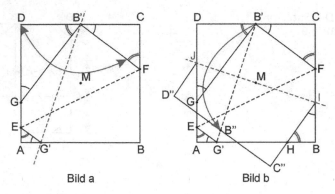

Bild a   Bild b

Abb. 21.10 Der Satz von Haga – Faltfolge 10

Abb. 21.11 Der Satz
von Haga – Faltung 11

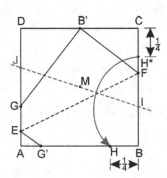

zweimaliges Halbieren der entsprechenden Quadratkanten (Abb. 21.11). Nun müssen wir nur noch H* auf H falten. Die Faltlinie schneidet BC in I und das gesuchte vierte Dreieck IHB ist bestimmt.

Nun wenden wir uns der Faltung zu, bei der CD das gesuchte vierte Dreieck IHB erzeugt (vgl. Bild b; Abb. 21.5).

Dazu setzen wir voraus, dass die drei Dreiecke vom Satz von Haga (Faltung von B auf B′) schon markiert sind und der Mittelpunkt M des Quadrates bestimmt ist.

Wir falten zuerst C so auf B′G, dass die Faltlinie durch B′ geht (Bild a; Abb. 21.12). Diese Faltlinie geht auch durch B, weil sie die Halbierende des Winkels $\angle FB'M$ ist. Dieser Winkel ist kongruent zu $\angle B'FC$. Andererseits ist B′BF ein gleichschenkliges Dreieck, in dem $\angle B'FC$ ein Außenwinkel ist. Folglich ist $\left|\angle FB'B\right| = \frac{1}{2}\left|\angle B'FC\right|$. Daher muss die Faltlinie mit BB′ übereinstimmen, sie geht also durch B.

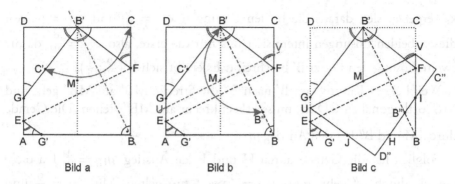

Abb. 21.12 Der Satz von Haga – Faltfolge 12

Abb. 21.13 Der Satz
von Haga – Faltung 13

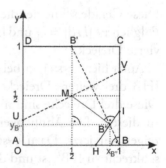

Nun falten wir B' so auf $B'B$, dass die Faltlinie durch M geht (Bild b; Abb. 21.12). $D''C''$ bestimmt auf AB den Punkt H und auf BC den Punkt I (Bild c; Abb. 21.12). Wir zeigen nun, dass $|HB| = \frac{1}{4}$ und $|BI| = \frac{1}{3}$ ist.

Wir bezeichnen noch den Schnittpunkt der Faltlinie mit AD mit U und den mit BC mit V. Weiterhin schneidet $D''U$ die Quadratkante AB in J.

Den Nachweis, dass $|HB| = \frac{1}{4}$ und $|BI| = \frac{1}{3}$ ist, führen wir analytisch mithilfe linearer Funktionen. Dazu legen wir die Figur in ein Koordinatensystem, wie es in der Abb. 21.13 zu sehen ist.

$y = -2x + 2$ ist die Gleichung der Geraden durch B und B'. Weil $B''(x_{B''}; y_{B''})$ auf $B'B''$ durch Falten an UV durch M entsteht, ist $|MB'| = |MB''|$. Damit können wir die Koordinaten von B'' bestimmen. Weil $|MB'| = \frac{1}{2}$ ist, ist auch $|MB''| = \frac{1}{2}$ bzw. $|MB''|^2 = \frac{1}{4}$. Mithilfe des Satzes des Pythagoras erhalten wir $\left(\frac{1}{2} - y_{B''}\right)^2 + \left(x_{B''} - \frac{1}{2}\right)^2 = \frac{1}{4}$. Weil B'' auf $B'B''$ liegt, gilt $y_{B''} = -2x_{B''} + 2$.

Damit ergibt sich $\left[\frac{1}{2} - (-2x_{B''} + 2)\right]^2 + \left(x_{B''} - \frac{1}{2}\right)^2 = \frac{1}{4}$ und nach Ausmultiplizieren und Zusammenfassen erhalten wir $x_{B''}^2 - \frac{7}{5}x_{B''} + \frac{9}{20} = 0$. Für

$x_{B''}$ ergeben sich daraus die beiden Lösungen $x_{B''_1} = \frac{9}{10}$ und $x_{B''_2} = \frac{1}{2}$. Von diesen beiden Lösungen interessiert uns nur die erste, also $x_{B''} = \frac{9}{10}$, da die zweite Lösung den Punkt B' beschreibt. Es ergibt sich $B''(\frac{9}{10}; \frac{1}{5})$.

Weil bei der Faltung von B' nach B'' die Strecke MB' auf MB'' geht und MB' orthogonal zu CD ist, muss HI senkrecht auf MB'' stehen. Die Gerade durch M und B'' hat den Anstieg $m_{MB''} = -\frac{\frac{1}{2} - \frac{1}{5}}{\frac{9}{10} - \frac{1}{2}} = -\frac{3}{4}$.

Folglich hat die Gerade durch H und I den Anstieg $m_{HI} = \frac{4}{3}$. Da diese Gerade durch B'' geht, muss $y_{B''} = \frac{4}{3}x_{B''} + n_{HI}$ gelten. Mit $x_{B''} = \frac{9}{10}$ und $n_{HI} = -1$. Damit ist $y = \frac{4}{3}c - 1$ die Gleichung der Geraden durch H und I. Diese Gerade schneidet die x-Achse an der Stelle $x_0 = \frac{3}{4}$ und BC bei $y_0 = \frac{1}{3}$. Folglich ist $|HB| = \frac{1}{4}$ und $|BI| = \frac{1}{3}$. Damit ist das Dreieck IHB das gesuchte vierte Dreieck.

Auch hier entstehen bei der Faltung von B' nach B'' neben dem Dreieck IHB drei weitere Dreiecke IC''V, UAJ und JD''H (Abb. 21.13, Bild 10c). Diese drei Dreiecke sind nicht nur ähnlich zu IHB, sie sind sogar kongruent zu diesem. Die Ähnlichkeit folgt wie beim Satz von Haga, die Kongruenz zeigen wir jetzt. Dazu bestimmen wir die Gleichung der Faltlinie UV, die senkrecht zu B'B'' ist und durch M geht.

Damit ergibt sich $y = \frac{1}{2}x + \frac{1}{4}$ als Gleichung für diese Faltlinie. Wir erhalten damit sofort $U(0; \frac{1}{4})$ und $V(1; \frac{3}{4})$. Also ist $|AU| = \frac{1}{4}$, und wegen der Ähnlichkeit von JUA zu IHB ergibt sich $|AJ| = \frac{1}{3}$.

Ebenso ist $|VC''| = |VC| = \frac{1}{4}$, woraus $|IC''| = \frac{1}{3}$ folgt.

Dann ist noch $|JH| = 1 - |AJ| - |HB| = 1 - \frac{1}{3} - \frac{1}{4} = \frac{5}{12}$. Wegen der Ähnlichkeit von HJD'' zu IHB folgt $|JD''| = \frac{1}{3}$ und $|D''H| = \frac{1}{4}$. Damit sind aber die drei Dreiecke kongruent zum Dreieck IHB.

Aus diesen Überlegungen ergibt sich eine weitere Faltung für das gesuchte Dreieck.

Weil $|D''H| = |HB| = \frac{1}{4}$ ist, bestimmen wir auf CD einen Punkt H* mit $|H^*D| = \frac{1}{4}$ und auf AB einen Punkt H mit $|HB| = \frac{1}{4}$ (jeweils durch zweimaliges Halbieren). Nun falten wir H* auf H und erhalten in der Ecke B das gesuchte vierte Dreieck (Abb. 21.14).

Jetzt wenden wir uns den beiden Faltungen zu, bei denen AD bzw. AB durch H und I gefaltet werden. Wir geben nur die Faltungen an, da die Nachweise ähnlich wie oben verlaufen.

Abb. 21.14 Der Satz
von Haga – Faltung 14

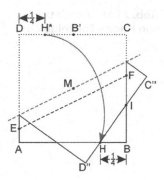

Abb. 21.15 Der Satz
von Haga – Faltfolge 15

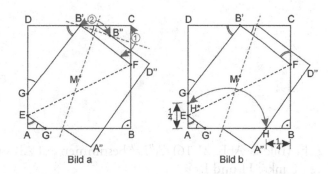

Bild a   Bild b

Nun soll das Dreieck IHB durch Umfalten von AD bestimmt werden (vgl. Bild c; Abb. 21.5).

Dazu falten wir zuerst C so auf B'F, dass die Faltlinie durch B' geht. Dann falten wir B' so auf diese Faltlinie, dass die neue Faltlinie durch M geht. A''D'' bestimmt auf AB und BC die gesuchten Punkte H und I (Bild a; Abb. 21.15).

Zum selben Ergebnis kommen wir, wenn wir auf AD einen Punkt H* und auf AB einen Punkt H so festlegen, dass $|AH| = |HB| = \frac{1}{4}$ ist. Dann müssen wir nur noch H* auf H falten, um das gesuchte Dreieck zu erhalten (Bild b; Abb. 21.15).

Zum Schluss soll das Dreieck IHB durch das Umfalten von AB erzeugt werden (vgl. Bild d; Abb. 21.5).

Dazu falten wir D auf B'C, sodass die Faltlinie durch B' geht. Dann falten wir B' so auf diese Faltlinie, dass die dabei entstehende Faltlinie durch M

Abb. 21.16 Der Satz
von Haga – Faltfolge 16

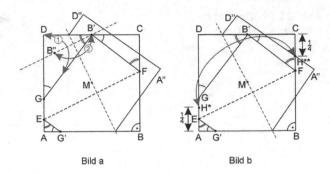

Bild a   Bild b

Abb. 21.17 Der Satz
von Haga – Faltung 17

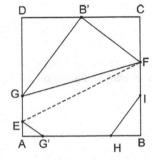

geht (Bild a; Abb. 21.16). A″D″ bestimmen auf AB und auf BC die gesuchten Punkte H und I.

Auch hier gelangen wir zum selben Ergebnis, wenn wir auf AD einen Punkt H* und auf BC einen Punkt H** so festlegen, dass $|AH^*| = |H^{**}C| = \frac{1}{4}$ ist (Bild b; Abb. 21.16). Anschließend falten wir H* auf H**.

Damit haben wir mehrere Möglichkeiten angegeben, das vierte Dreieck, das den Satz von Haga ergänzt, durch Falten zu erzeugen.

Zwei weitere Dreiecke

In der Faltfigur zum Satz von Haga erkennen wir ein weiteres Dreieck, nämlich GFB′ (Abb. 21.17). Dieses Dreieck ist bei B′ rechtwinklig und aus Berechnungen vom Anfang dieses Beitrages wissen wir $|B'F| = \frac{5}{8}$ und $|B'G| = \frac{5}{6}$. Da das Verhältnis dieser beiden Seiten gleich $\frac{\frac{5}{6}}{\frac{5}{8}} = \frac{4}{3}$ ist, ist dieses Dreieck zum Dreieck G′EA ähnlich und der Ähnlichkeitsfaktor vom kleinen zum großen Dreieck beträgt $\lambda AB = 5$.

Und wir finden sogar noch ein weiteres Dreieck, das ähnlich zu G′EA ist und den Ähnlichkeitsfaktor 6 bezüglich dieses kleinen Dreiecks hat. Dazu verlängern wir B′G über G und EG′ über E und G′ hinaus (Bild a; Abb. 21.18). Den Schnittpunkt der Geraden durch B′, G mit der Geraden durch E, G′ bezeichnen wir mit A′. A′ ist auch das Bild von A bei der Faltung an EF (B nach B′). Weiterhin schneidet die Senkrechte auf CD durch B′ die Gerade EG′ in B*. B*B′A′ ist das gesuchte Dreieck. Dieses Dreieck ist bei A′ rechtwinklig. Weil $\left|GA′\right| = \frac{1}{6}$ ist, ergibt sich $\left|A′B′\right| = 1$. Weil $\left|A′E\right| = \frac{1}{8}$ und $\left|G′B*\right| = \frac{5}{12}$ ist, ergibt sich $\left|A′B*\right| = \frac{3}{4}$. Und nun ist das Seitenverhältnis $\frac{\left|A′B′\right|}{\left|A′B*\right|} = \frac{1}{\frac{3}{4}} = \frac{4}{3}$, woraus sich die Ähnlichkeit des Dreiecks B*B′A′ zu G′EA und der Streckfaktor $\lambda_{AA′} = 6$ ergibt.

Zu erwähnen ist noch ein weiteres Dreieck, das betrachtet werden kann. Dazu bezeichnen wir den Schnittpunkt der Geraden durch B′ und F mit der durch H und I mit A* (Bild b; Abb. 21.18). Außerdem schneidet die Gerade durch H und I die durch B′ und B* in B**. B* und B** fallen nicht zusammen. Dennoch ist das Dreieck B′B**A* ähnlich zu G′EA. Weil $\left|B′B**\right| = 1 + \frac{1}{3} = \frac{4}{3}$ ist, ist der zugehörige Ähnlichkeitsfaktor $\lambda_{AA*} = \frac{\left|B′B**\right|}{\left|G′E\right|} = \frac{\frac{4}{3}}{\frac{5}{24}} = \frac{32}{5}$ nicht ganzzahlig und damit für die hier vorgestellte Ergänzung zum Satz von Haga ohne Bedeutung.

Damit enden auch unsere Überlegungen zum Satz von Haga. Wir haben zu den drei Ausgangsdreiecken, die sich beim Satz von Haga ergeben noch drei weitere gefunden, die diesen Satz sinnvoll ergänzen.

Abb. 21.18 Der Satz von Haga – Faltfolge 18

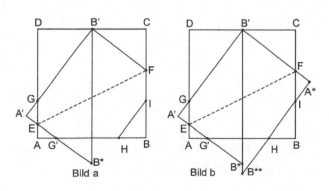

QR-CODE: FALT-VIDEO 2

Literatur

1. Kasahara, K. (2000). *Origami figürlich und geometrisch*. München: Augustus-Verlag.
2. Kasahara, K. (2004). *Origami ohne Grenzen*. München: Knaur.
3. Henn, H.-W. (2003). Origamics – Papierfalten mit mathematischem Spürsinn. *Die neue Schulpraxis, 6*(7), 49–53.

Printed in the United States
By Bookmasters